T0215853

Entwicklung neuer Ansätze zum nachhaltigen Planen und Bauen

Deutschland hat sich zum Ziel gesetzt, dass bis zur Mitte des 21. Jh. der Gebäudebestand, der durch Herstellung und Nutzung für einen Großteil aller Treibhausgasemissionen ursächlich ist, nahezu klimaneutral sein soll. Aber auch die Schonung vorhandener Ressourcen, das Schaffen einer circular economy und die Verankerung der Prinzipien Effizienz, Konsistenz und Suffizienz beim Planen, Errichten, Nutzen und Zurückbauen unserer bebauten Umwelt sind der Anspruch, dem die Akteure des Bauwesens gerecht werden müssen.

Wichtige Projektentscheidungen werden häufig nicht auf Basis der zu erwartenden Nachhaltigkeit getroffen, sondern zumeist auf Basis ökonomischer Gesichtspunkte (Herstellkosten). Es gilt, alle Beteiligten zu sensibilisieren, dass das in der Herstellung günstigste Bauwerk selten das wirtschaftlichste oder gar nachhaltigste ist, betrachtet man den gesamten Lebenszyklus. Es ist also sinnvoll, die Nachhaltigkeit von Bauwerken nicht nur zu dokumentieren, sondern wichtige Entscheidungen auf Basis der Nachhaltigkeit zu treffen.

Diese Buchreihe stellt neue Erkenntnisse der angewandten Wissenschaften und Praxis vor, die dazu beitragen sollen, Veränderungen im Markt aufzuzeigen und zu begleiten, hin zu einer nachhaltigen Bauwirtschaft.

Tina Bäuerlein

Natürliche Dämmstoffe als Nachhaltigkeitsfaktor

Eine technische und wirtschaftliche Analyse

 Springer Vieweg

Tina Bäuerlein
Rauhenebrach, Bayern, Deutschland

ISSN 2948-1007 ISSN 2948-1015 (electronic)
Entwicklung neuer Ansätze zum nachhaltigen Planen und Bauen
ISBN 978-3-658-44887-5 ISBN 978-3-658-44888-2 (eBook)
https://doi.org/10.1007/978-3-658-44888-2

Die Deutsche Nationalbibliothek verzeichnet diese Publikation in der Deutschen Nationalbibliografie; detaillierte
bibliografische Daten sind im Internet über https://portal.dnb.de abrufbar.

Planung/Lektorat: Ralf Harms
Springer Vieweg ist ein Imprint der eingetragenen Gesellschaft Springer Fachmedien Wiesbaden GmbH und ist
ein Teil von Springer Nature.
Die Anschrift der Gesellschaft ist: Abraham-Lincoln-Str. 46, 65189 Wiesbaden, Germany

Wenn Sie dieses Produkt entsorgen, geben Sie das Papier bitte zum Recycling.

Vorwort

Die Bauwirtschaft steht vor einem Wandel, der angesichts der großen gesellschaftlichen Herausforderungen auch zwingend erforderlich ist. Laut aktuellen Studien sind die Phasen Herstellung, Errichtung, Modernisierung und Nutzung der Wohn- und Nichtwohngebäude insgesamt für ca. 40 % aller CO^2-Emissionen in Deutschland verantwortlich. Außerdem verbraucht die Bauwirtschaft in Deutschland branchenübergreifend betrachtet die meisten Rohstoffe und verursacht später mit mehr als 50 % den mit Abstand größten Teil des Abfallaufkommens. Außerdem verursacht die Entwicklung neuer Siedlungs- und Verkehrsflächen aktuell täglich einen Flächenverbrauch in Höhe von mehr als 50 Hektar. Diese Liste könnte endlos weitergeführt werden. Aus diesem Grund ist die Bauwirtschaft besonders in der Pflicht, ihre Produkte und die dafür notwendigen Prozesse ständig zu verbessern. Die Buchreihe *Entwicklung neuer Ansätze zum nachhaltigen Planen und Bauen* möchte die erforderliche Transformation der Bauwirtschaft mit neuen Ideen, Ansätzen und Methoden unterstützen. Ein besonderes Merkmal der Buchreihe ist, dass die Autoren der einzelnen Bände an der Dualen Hochschule Baden-Württemberg (DHBW) Mosbach studiert haben. Die Autoren verfügten also bereits zum Zeitpunkt der Erstellung ihrer wissenschaftlichen Arbeiten, die die Grundlage für diese Buchreihe bilden, nicht nur über theoretisches Wissen, sondern auch über eine mehrjährige und einschlägige Berufserfahrung. Die wissenschaftlichen Arbeiten sind also stets vor dem Hintergrund eines tatsächlichen Nutzens und der Anwendung durch die jeweiligen dualen Partnerunternehmen entstanden. Dadurch sind die in den Arbeiten entwickelten Methoden und Inhalte nicht nur praxisrelevant, sondern immer auch für eine reale Anwendung konzipiert. Thematisch fokussiert sich die Buchreihe auf den Bereich des nachhaltigen Planens und Bauens. Einen ganzheitlichen Ansatz verfolgend sind hierbei alle Lebenszyklusphasen von Gebäuden inbegriffen, also von der frühen Projektentwicklungsphase im engeren Sinne bis zum Rückbau und der anschließenden Wiederverwendung, Verwertung oder Entsorgung. Dabei kann es auch immer wieder zu Berührungspunkten mit anderen Bereichen kommen, zum Beispiel mit dem Projektmanagement, Lean Construction oder auch Building Information Modeling (BIM).

Um das Ziel des Europäischen Grünen Deals, Europa bis 2050 zum ersten klimaneutralen Kontinent zu transformieren, erreichen zu können, ist eine bewusstere Nutzung der verfügbaren Ressourcen notwendig. Aufgrund des hohen Ressourcenverbrauchs und des daraus resultierenden hohen Abfallaufkommens ist die Baubranche besonders in der Pflicht, Produkte zu entwickeln und in die Anwendung zu bringen, die den Anforderungen einer nachhaltigen Kreislaufwirtschaft entsprechen. Im vorliegenden Band aus der Reihe *Entwicklung neuer Ansätze zum nachhaltigen Planen und Bauen* werden deshalb Stärken und Schwächen von natürlichen und nachwachsenden Dämmstoffen im Vergleich zu synthetischen Dämmstoffen herausgestellt und die Einsatzbereiche dieser Dämmstoffe erörtert. Das methodische Kernstück der Bachelorarbeit von Frau Tina Bäuerlein ist die Durchführung einer Nutzwertanalyse, die verschiedene Analysekriterien (wie z. B. Verarbeitbarkeit, Dämmwert, Brandschutz, Rückbaubarkeit, Recyclingfähigkeit und Kosten) berücksichtigt. Die Ergebnisse der Nutzwertanalyse werden abschließend kritisch diskutiert und für die Herleitung von Optimierungspotentialen genutzt. Die Arbeit zeichnet sich durch eine sehr umfangreiche Literaturrecherche aus. Die relevante Literatur wird kritisch reflektiert – die Ergebnisse werden strukturiert in die Entwicklung und Durchführung der Nutzwertanalyse integriert.

Tina Bäuerlein

Kurzfassung

In dieser Bachelorarbeit wird die Performance von Dämmstoffen aus nachwachsenden Rohstoffen (nawaRo-Dämmstoffe) mit der Performance eines EPS-Dämmstoffs verglichen. Es wird die Einsatzmöglichkeit von nawaRo-Dämmstoffen in den verschiedenen Gebäudeklassen betrachtet. Eine Anwendung dieser Dämmstoffe ist bauaufsichtlich bis Gebäudeklasse 3 zulässig. Der Einsatz in den höheren Gebäudeklassen 4 und 5 ist zum Zeitpunkt der Erstellung der Arbeit nicht standardisiert möglich, da die nawaRo-Dämmstoffe keine nationale Einstufung als schwerentflammbarer Dämmstoff erhalten. Auch im Wärmedämm-Verbundsystem ist eine derartige Einstufung für die betrachteten Dämmstoffe nicht vorhanden.

Neben den brandschutztechnischen Eigenschaften finden weitere technische Eigenschaften wie die Verarbeitung, der Wärmeschutz und die Rückbaufähigkeit der nawaRo-Dämmstoffe Betrachtung. Dafür wird eine Analyse am Beispielprojekt „Seniorenwohnen Veitshöchheim" der Bauunternehmung Glöckle SF-Bau GmbH durchgeführt. Die Bauprodukte, die jeweils anhand der technischen und wirtschaftlichen Parameter analysiert werden, belaufen sich auf eine Holzfaserdämmplatte und die EPS-Dämmplatte „Sto Polystyrol Hartschaumplatte 034". Die EPS-Dämmplatte ist dabei für die tatsächliche Anwendung im Projekt geplant, die Holzfaserdämmplatte dient als natürlicher Vergleichsdämmstoff. Die technischen Eigenschaften des Holzfaser- und EPS-Dämmstoffs werden anhand der Einsatzfähigkeit am Projekt bewertet. NawaRo-Dämmstoffe zeigen im Vergleich zu EPS-Dämmstoffen eine höhere Wärmeleitfähigkeit. Die meisten Produkte wiesen eine Wärmeleitfähigkeit von 0,042 W/mK bis 0,045 W/mK auf. Der EPS-Dämmstoff hat eine Wärmeleitfähigkeit von 0,034 W/mK. Die Wirtschaftlichkeit wird mithilfe der Lebenszykluskosten analysiert. Dafür sind die Herstell-, Instandhaltungs-, Betriebs- und Rückbaukosten maßgebend. Da die Holzfaserdämmplatte eine höhere Wärmeleitfähigkeit aufweist, ist eine Erhöhung der Dämmstärke zwingend notwendig, damit die beiden Dämmstoffe einen ähnlichen U-Wert erreichen können. Der restliche Außenwandaufbau bleibt für die Berechnungen gleich.

Durch die Erhöhung der Dämmstoffdicke von 14 cm auf 18 cm erreicht das Holzfaser-WDVS einen niedrigeren U-Wert als das EPS-WDVS, wodurch es Einsparungen in den

Betriebskosten von ca. 22.700 € über 50 Jahre im Vergleich zum EPS-WDVS verzeichnet. In den Herstellkosten liegt das Holzfaser-WDVS jedoch aufgrund der nötigen höheren Dämmstoffdicke mit rund 37.000 € deutlich teurer als das EPS-WDVS. In den Bereichen der Instandhaltung und des Rückbaus sind die Kostenunterschiede nicht wesentlich. Insgesamt weist das Holzfaser-WDVS knapp 12.000 € höhere Lebenszykluskosten als das EPS-WDVS auf. Dadurch zeigt sich, dass die wirtschaftliche Performance des natürlichen und synthetischen Dämmstoffs über den Lebenszyklus annähernd gleich ist. Bei einem Beibehalten der Dämmstoffdicke von 14 cm fallen die Herstellkosten des Holzfaser-WDVS geringer aus als beim Verbau der 18 cm starken Dämmung. Jedoch verursacht der höhere UWert deutlich höhere Transmissionswärmeverluste, wodurch die Betriebskosten eine große Kostendifferenz zum EPS-WDVS aufzeigen. In diesem Fall ist die wirtschaftliche Performance des Holzfaser-WDVS über den Lebenszyklus nicht gegeben.

Der Vergleich der beiden Dämmstoffe wird mit einer Nutzwertanalyse abgeschlossen. Darin werden die technischen und wirtschaftlichen Eigenschaften der Systeme verglichen, gewichtet und bewertet. Die Unterschiede der Performance sind im technischen Bereich vor allem in den brandschutztechnischen Eigenschaften vorhanden. Im wirtschaftlichen Bereich sind die Unterschiede stark von der Möglichkeit abhängig, eine größere Dämmstoffdicke für die nawaRo-Dämmstoffe auszuführen.

Inhaltsverzeichnis

1 **Einleitung** 1
   1.1 Veranlassung 1
   1.2 Zielsetzung und Forschungsfrage 2
   1.3 Vorgehensweise und Abgrenzungen 3
   Literatur 6

2 **Kenntnisse zu natürlichen und synthetischen Dämmstoffen** 9
   2.1 Grundlegende Erläuterungen zu nawaRo-Dämmstoffen 9
      2.1.1 Natürliche und synthetische Dämmstoffe 9
      2.1.2 nawaRo-Dämmstoffe im Zusammenhang mit Nachhaltigkeit 11
      2.1.3 Wirtschaftlichkeit 13
      2.1.4 Rückbau- und Recyclingfähigkeit von Dämmstoffen 13
   2.2 Regulatorische, brandschutztechnische Anforderungen
      an Dämmstoffe 15
      2.2.1 Allgemeine Anforderungen an das Brandverhalten von
         Baustoffen 15
      2.2.2 Brandschutzanforderungen an die Außenwände nach der
         Musterbauordnung 17
      2.2.3 Einsatzmöglichkeiten von natürlichen Dämmstoffen gemäß den
         Gebäudeklassen 21
      2.2.4 Probleme bei der Verwendung von nawaRo-Dämmstoffen
         aufgrund des Glimmverhaltens 22
   Literatur 23

3 **Methodik** 25
   3.1 Potenzialanalyse 25
   3.2 Technische und wirtschaftliche Analyse 26
   3.3 Nutzwertanalyse 27
   Literatur 29

4 Potenzialanalyse 31
4.1 Marktübersicht von nawaRo-Dämmstoffen 31
4.2 Das Beispielprojekt „Seniorenwohnen Veitshöchheim" und dessen
     Anforderungen 35
4.3 Auswahl des nawaRo-Dämmstoffs für die Analyse 37
Literatur 41

5 Vergleichende Analyse 43
5.1 Analyse des synthetischen Dämmstoffs – EPS 43
     5.1.1 Aufbau des WDVS und Verarbeitung des Dämmstoffs 43
     5.1.2 Dämmwert und Wärmeschutz 45
     5.1.3 Brandschutz 46
     5.1.4 Rückbau- und Recyclingfähigkeit 47
     5.1.5 Lebenszykluskosten 48
5.2 Analyse des natürlichen Alternativdämmstoffs 55
     5.2.1 Aufbau des WDVS und Verarbeitung des Dämmstoffs 55
     5.2.2 Dämmwert und Wärmeschutz 58
     5.2.3 Brandschutz 59
     5.2.4 Rückbau- und Recyclingfähigkeit 60
     5.2.5 Lebenszykluskosten 60
Literatur 65

6 Nutzwertanalyse 69
6.1 Technische und wirtschaftliche Bewertung 69
     6.1.1 Verarbeitung 69
     6.1.2 Dämmwerte 70
     6.1.3 Brandschutz 70
     6.1.4 Rückbau- und Recyclingfähigkeit 71
     6.1.5 Wirtschaftlichkeitsvergleich über den Lebenszyklus 72
6.2 Fazit der Analyse 76

7 Erkenntnisse 81
7.1 Fazit 81
7.2 Ausblick 84
Literatur 88

Anhang 91

Abkürzungsverzeichnis

a	Jahr
AVV	Abfallverzeichnis-Verordnung
BayBO	Bayrische Bauordnung
BGK	Baustellengemeinkosten
BS	Brandschutz
ca.	circa
cm	Zentimeter
d	droplets
DGNB	Deutsche Gesellschaft Nachhaltiges Bauen e. V.
DIN	Deutsches Institut für Normung
DS	Dämmstoffe
EN	Europäische Norm
EPS	Expandiertes Polystyrol
FNR	Förderverband Nachhaltige Rohstoffe e. V.
GKL	Gebäudeklasse
GmbH	Gesellschaft mit beschränkter Haftung
GWP	Global Warming Potenzial
HBCD	Hexabromcyclododecan
ifeu	Institut für Energie- und Umweltforschung
IWU	Institut Wohnen und Umwelt
K	Kelvin
KrWG	Kreislaufwirtschaftsgesetz
LV	Leistungsverzeichnis
m	Meter
m^2	Quadratmeter
m^3	Kubikmeter
MBO	Musterbauordnung
mm	Millimeter
MVV TB	Muster-Verwaltungsvorschrift Technische Baubestimmungen
nawaRo	Nachwachsende Rohstoffe

NWA	Nutzwertanalyse
PAK	polycyclische aromatische Kohlenwasserstoffe
PU	Polyurethan
s	smog
SF	schlüsselfertig
to	Tonne
W	Watt
WDVS	Wärmedämm-Verbundsystem
XPS	Extrudiertes Polystyrol
z. B.	zum Beispiel

Abbildungsverzeichnis

Abb. 2.1 Untergliederung der Dämmstoffe nach ihren Rohstoffen,
in Anlehnung an [2] 10

Abb. 2.2 Emissionsmengen der nawaRo-Dämmstoffe bei der Verbrennung
als Faktoren zur Emissionsmenge von Polystyrol (100 %),
in Anlehnung an [7] 12

Abb. 4.1 Bauvorhaben „Seniorenwohnen Veitshöchheim", Haus 1 rechts,
Haus 2 links, internes BIM-Modell 35

Abb. 4.2 Wärmedämmung mit verschiedenen Brandschutzanforderungen,
internes BIM-Modell 36

Abb. 4.3 Vergrößerte Darstellung Haus 2, internes BIM-Modell 37

Abb. 5.1 Aufbau des WDV-Systems StoTherm Vario [2] 44

Abb. 5.2 Geplanter Schichtaufbau der Außenwand, in Anlehnung an Anhang
0.7 45

Abb. 5.3 Verteilung der Materialkosten des StoTherm Vario-WDVS 50

Abb. 5.4 Aufbau des Holzfaser-WDVS [15] 56

Abb. 5.5 Dübelbild der Holzfaserdämmplatte [15] 57

Abb. 5.6 Aufbau des Putzsystems des Holzfaser-WDVS [15] 58

Abb. 5.7 Verteilung der Materialkosten des Holzfaser-WDVS 61

Tabellenverzeichnis

Tab. 1.1   Aufbau der Bachelorarbeit mit groben Inhalten 5
Tab. 2.1   Verteilung der Dämmstoffarten für Außenwände und Dächer
in Deutschland [3] 11
Tab. 2.2   Baustoffklassen nach DIN 4102-1, in Anlehnung an [15] 16
Tab. 2.3   Baustoffklassen nach DIN EN 13501-1 und DIN 4102-1 mit
identischen Benennungen aus der MVV TB (farbig) [14, 16, 17] 18
Tab. 2.4   Gebäudeklassen nach MBO [13] 19
Tab. 2.5   Zuordnung der Feuerwiderstandsfähigkeit von tragenden und
aussteifenden Wänden und Stützen zu ihrer Gebäudeklasse, den
Feuerwiderstandsklassen und ihrer Feuerwiderstandsdauer [13, 14]
und [17] 19
Tab. 2.6   Anforderungen an die Oberflächen von Außenwänden gem. MBO
[13] 20
Tab. 3.1   Gewichtung der technischen Aspekte gemäß den Unterkapiteln 28
Tab. 3.2   Bewertungsskala der Nutzwertanalyse 29
Tab. 4.1   Bauprodukte der nawaRo-Dämmstoffe 32
Tab. 4.2   Kriterien der nawaRo-Dämmstoffe für die Auswahl des
Vergleichsdämmstoffs 38
Tab. 4.3   Engere Auswahl des potenziellen Vergleichsdämmstoff 41
Tab. 5.1   Berechnung Wärmedurchgangswiderstand der Außenwand im
Projekt, in Anlehnung an Anhang 0.7 46
Tab. 5.2   Materialkosten des StoTherm Vario Systems (Anhang 0.17) 49
Tab. 5.3   Lohnkosten für den Verbau des WDVS 50
Tab. 5.4   Herstellkosten des StoTherm Vario-WDVS 51
Tab. 5.5   Instandhaltungskosten des StoTherm Vario WDVS 52
Tab. 5.6   Heizkosten bei Verwendung des StoTHerm Vario WDVS 53
Tab. 5.7   Lohnkosten des Rückbaus des StoTherm Vario WDVS 54
Tab. 5.8   AVV-Klassen und die Entsorgungskosten bei dem
Entsorgungsunternehmen (Anhang 0.28) 54
Tab. 5.9   Entsorgungskosten des StoTherm Vario WDVS 55

Tab. 5.10   Berechnung der benötigten Dämmstoffdicke bei Verwendung der
            Holzfaserdämmplatte und Beibehalten des U-Wertes 59
Tab. 5.11   Materialkosten des Holzfaser- WDVS (Anhang 0.12) 61
Tab. 5.12   Lohnkosten des Holzfaser- WDVS 62
Tab. 5.13   Herstellkosten Holzfaser-WDVS 62
Tab. 5.14   Instandhaltungskosten des Holzfaser-WDVS 63
Tab. 5.15   Betriebskosten bei der Verwendung des Holzfaser-WDVS 64
Tab. 5.16   Lohnkosten für den Rückbau des Holzfaser-WDVS 64
Tab. 5.17   Entsorgungskosten und Abfall-kategorien des
            Entsorgungsunternehmens (Anhang 0.28) 65
Tab. 5.18   Entsorgungskosten des Holzfaser-WDVS 65
Tab. 6.1   Materialkosten im Vergleich 72
Tab. 6.2   Lohnkosten im Vergleich 73
Tab. 6.3   Vergleich der Herstellkosten 73
Tab. 6.4   Vergleich der Instandhaltungskosten 74
Tab. 6.5   Vergleich der Betriebskosten 74
Tab. 6.6   Vergleich der Rückbau- und Entsorgungskosten 75
Tab. 6.7   Lebenszykluskosten der beiden WDVS im Vergleich 75
Tab. 6.8   Nutzwertanalyse der beiden Dämmstoffe 77
Tab. 7.1   Global Warming Potenzial (GWP) von Holzfaser- und
            EPS-Dämmplatten 84
Tab. 7.2   Berechnung der Klimakosten der EPS-Dämmplatte 85
Tab. 7.3   Weitere Parameter in einer möglichen weiterführenden Analyse
            von nawaRo-Dämmstoffen 87

Formelzeichen

Formelzeichen	Beschreibung	Einheit
A	Fläche	m^2
λ_D	Nennwert der Wärmeleitfähigkeit	W/mK
λ_B	Bemessungswert der Wärmeleitfähigkeit	W/mK
$\dot{Q}$	Wärmestrom	W
ρ	Rohdichte	kg/m^3
R_i	Wärmedurchlasswiderstand	$m^2 K/W$
R_T	Wärmedurchgangswiderstand	$m^2 K/W$
$T_1 - T_2$	Temperaturdifferenz	K
U	Wärmedurchgangskoeffizient	$W/m^2 K$

Einleitung

1

1.1 Veranlassung

Der Bausektor ist in Deutschland sowie in der EU maßgeblich für die Rohstoffentnahme verantwortlich. In der EU fallen etwa 50 % der Rohstoffgewinnung auf die Baubranche [1]. In Deutschland sind zudem, Stand 2019, rund drei Viertel der entnommenen nicht-nachwachsenden Rohstoffe auf die Baubranche zurückzuführen [2].

Im Zusammenhang mit der Rohstoffentnahme und den Umweltemissionen, die durch den Bausektor erzeugt werden, stehen die Klimaziele aus dem European Green Deal. Auf Grundlage des Green Deals wurde 2020 ein Aktionsplan der europäischen Kommission erarbeitet. Um die Klimaneutralität bis 2050 erreichen zu können, muss die Ressourcennutzung verändert werden. Der Aktionsplan benennt hierfür die Kreislaufwirtschaft, damit weniger Ressourcen entnommen werden müssen und die bereits vorhandenen Ressourcen genutzt werden können. [1]

Im Gegensatz zu einer nötigen Verringerung der Rohstoffentnahme, vor allem von nicht-nachwachsenden Rohstoffen, steht die aktuelle und zukünftige Entwicklung des Dämmstoffbedarfs für den Gebäudesektor. Von 2022 bis 2050 wird sich das Aufkommen von Dämmstoffen von 40.000 to/a auf 70.000 to/a aufgrund von nötigen Sanierungen für die Energieeffizienz von Gebäuden fast verdoppeln. Dämmstoffe werden aktuell noch nicht oder nur in sehr geringem Maße stofflich recycelt. Sie werden zum jetzigen Zeitpunkt mittels Verbrennung verwertet oder, wie beispielsweise im Falle von Mineralwolle, auf Deponien eingelagert. Dadurch verlassen die nicht-nachwachsenden Rohstoffe wie Erdöl den Stoffkreislauf. [3]

Es bestehen bereits Möglichkeiten des stofflichen Recyclings beispielsweise von EPS Dämmstoffen. Bei dem Recycling von EPS-Dämmstoffen, die vor 2015 verbaut wurden, stellt das Flammenschutzmittel HBCD ein Problem in der stofflichen Verwertung dar. HBCD ist vor allem für Gewässerorganismen sehr giftig und bereits seit 2013 zu den persistenten organischen Schadstoffen zugeordnet. Seither unterliegt HBCD einem Herstellungs- und Verwendungsverbot. Es wird bei der Verbrennung vollständig zerstört, weshalb dies den einfachsten Recyclingweg der HBCD-belasteten Dämmplatten darstellt. Jedoch können auch rückgebaute EPS-Dämmstoffe im industriellen Maßstab durch selektive Extraktion wieder zu Polystyrol-Granulat verarbeitet werden, bei welchem zuvor HBCD und andere Verunreinigungen durch Lösemittel entfernt wurden. Das zeigt das Projekt PolyStyreneLoop. [4]

Wärmedämmstoffe aus der Petrochemie, also hauptsächlich hergestellt aus Polystyrol (EPS und XPS), haben hohe negative Auswirkungen auf die Umwelt durch die Verwendung von nicht erneuerbaren Materialien in der Produktionsphase und durch das benannte Recyclingproblem in der Entsorgungsphase. Um die Nachhaltigkeit im Bausektor zu erhöhen, bieten sich natürliche, organische Dämmstoffe an. Sie basieren auf erneuerbaren bzw. nachwachsenden Rohstoffen, wodurch Ressourcen weniger stark belastet werden als bei der Entnahme von fossilen oder nicht nachwachsenden Rohstoffen. Dabei ist ihre Performance den synthetischen Dämmstoffen ähnlich. Die Entnahme muss jedoch in einem ausgewogenen Verhältnis zum Wachstum der Rohstoffe stehen. [5] Zudem weisen Dämmstoffe aus natürlichen Rohstoffen eine bessere Ökobilanz als synthetische Dämmstoffe mit fossilen Rohstoffen auf, da die natürlichen Rohstoffe in ihrer Wachstumsphase Kohlenstoffdioxid binden [6]. Daher zeigt sich, dass ein Einsatz von natürlichen Dämmstoffen aus nachwachsenden Rohstoffen (unter anderem in [3, 4] und [6] abgekürzt mit nawaRo-Dämmstoffe) einen Teil zum Erreichen der Klimaziele beitragen kann.

Die nawaRo-Dämmstoffe finden aktuell jedoch noch deutlich geringere Anwendung als die konventionellen Dämmstoffe aus EPS und Mineralwolle. 2021 haben sie nur circa 14 % des gesamten Dämmstoffvolumens in Deutschland ausgemacht [3]. Die Anwendbarkeit der nawaRo-Dämmstoffe ist durch regulatorische Vorgaben, wie den Landesbauordnungen und technischen Baubestimmungen, eingeschränkt. Die technischen Eigenschaften der nawaRo-Dämmstoffe, beispielsweise im Bereich der Brennbarkeit oder Feuchtigkeitsresistenz, stellen zum Teil ein Hindernis für die regulatorische Zulässigkeit dar [7].

1.2   Zielsetzung und Forschungsfrage

Die Arbeit setzt sich mit der Anwendbarkeit und dem Potenzial von natürlichen Dämmstoffen auseinander. Das Hauptziel, das mit dieser Bachelorarbeit verfolgt wird, liegt darin, die Performance von nawaRo-Dämmstoffen zu untersuchen und diese mit der eines synthetischen Dämmstoffs zu vergleichen. Die Performance der nawaRo-Dämmstoffe wird durch das Zusammenspiel der technischen und wirtschaftlichen Aspekte bewertet. Die Eigenschaften und Fähigkeiten der nawaRo-Dämmstoffe sind durch ihre organische, natürliche Basis beispielsweise im Bereich der Wärmeleitfähigkeit oder der Brennbarkeit begrenzt. Diese technischen Eigenschaften gilt es in der Arbeit herauszustellen. Um die technischen und wirtschaftlichen Differenzen zwischen einem ausgewählten natürlichen und synthetischen Dämmstoff darzustellen, wird der Vergleich an einem konkreten Beispielprojekt durchgeführt. Dieses Projekt ist das Bauvorhaben „Seniorenwohnen Veitshöchheim" der Bauunternehmung Glöckle SF Bau GmbH. Unter wirtschaftlichen Gesichtspunkten werden die Lebenszykluskosten der beiden zu vergleichenden Dämmstoffe berechnet. Ziel davon ist, herauszustellen, welche wirtschaftlichen Auswirkungen die theoretische Anwendung des nawaRo-Dämmstoffs im Vergleich zum synthetischen Dämmstoff in dem Beispielprojekt hat. Daraus ergibt sich folgende Forschungsfrage, die im Laufe der Bachelorarbeit beantwortet werden soll:

„Wo liegen die technischen und wirtschaftlichen Differenzen in der Anwendbarkeit natürlicher und synthetischer Dämmmaterialien bei der Außenwanddämmung von Neubauten in einer ausgewählten Gebäudeklasse?"

Als Nebenziel soll der Anwendungsbereich der nawaRo-Dämmstoffe dargestellt werden, um die Einsatzbereiche dieser Dämmstoffe festzustellen. Hierfür wird zunächst betrachtet, welche Anforderungen die Außenwände und ihre Dämmstoffe durch regulatorische Vorgaben haben. Die Gebäudeklassen der Landesbauordnungen geben hierfür Eigenschaften, vor allem im Bereich des Brandschutzes, vor, die die Außenwand und ihre Bekleidung aufweisen müssen. Das Gebäude stellt demnach, seiner Gebäudeklasse entsprechend, eine bestimmte Anforderung an die Dämmstoffe. Das Ziel ist, festzustellen, welche nawaRo-Dämmstoffe in den verschiedenen Gebäudeklassen anwendbar sind. Dadurch soll der regulatorisch bedingte Einsatzbereich der nawaRo-Dämmstoffe abgebildet werden.

Die Performance des nawaRo-Dämmstoffs und des synthetischen Dämmstoffs wird zuletzt mithilfe einer Nutzwertanalyse bewertet. Daraus wird eine Aussage zur technischen und wirtschaftlichen Anwendbarkeit von natürlichen Dämmstoffen getroffen, sowie deren Potenzial und etwaige Einschränkungen dargestellt.

1.3   Vorgehensweise und Abgrenzungen

Die Bachelorarbeit beginnt nach der Einleitung mit einem allgemeinen Teil, in dem Kenntnisse zu natürlichen und synthetischen Dämmstoffen erörtert werden, die bereits in der Literatur vorhanden sind. Hierbei werden Grundlagen kurz erläutert und es wird herausgearbeitet, inwieweit natürliche Dämmstoffe bereits anhand von technischen Gesichtspunkten analysiert wurden. Zudem werden Anforderungen an den Einsatz von natürlichen Dämmstoffen herausgestellt, sowie auf deren Brandverhalten eingegangen. Im gleichen Zuge werden die Probleme, die sich mit natürlichen Dämmstoffen bereits ergeben haben und publiziert sind, herausgearbeitet. Zudem wird der Anwendungsbereich der nawaRo-Dämmstoffe analysiert, der durch die Regulatorik definiert wird. Hierfür stellen die Gebäudeklassen und die Muster- bzw. Landesbauordnungen Anforderungen an Außenwände. In diesem Zusammenhang werden die Anforderungen an das Brandverhalten für Baustoffe erläutert. Damit wird aufgezeigt in welchen Bereichen natürliche Dämmstoffe durch ihre technischen Voraussetzungen eingesetzt werden dürfen.

Im Anschluss daran wird im Kap. 3 der Arbeit auf die Methodik eingegangen, die nachfolgend in den Kap. 4, 5 und 6 angewendet wird. Es erfolgt eine Beschreibung der Potenzialanalyse sowie der technischen und wirtschaftlichen Analyse des synthetischen und natürlichen Dämmstoffs. Es wird in diesem Gliederungspunkt explizit erläutert, woher die Informationen, die in den Kap. 4 und 5 verwendet werden, stammen und wie sie erhoben wurden. Zudem wird die Gewichtung der Nutzwertanalyse dargestellt, die im Kap. 6 Betrachtung findet.

Im Kap. 4 wird eine Potenzialanalyse durchgeführt. Darin wird eine Auswahl von verschiedenen nawaRo-Dämmstoffen aufgezeigt, die auf dem Markt verfügbar sind. Die Bauprodukte werden durch verschiedene Attribute, wie ihre Art der Dämmung und des Rohstoffs, ihre Baustoffklasse und Brandverhalten, ihre Wärmeleitfähigkeit und ihre Bestandteile, beschrieben. Eines dieser aufgezeigten Bauprodukte wird in dem Vergleich des Kap. 5 angewendet. Um diese Auswahl für den zu vergleichenden natürlichen Dämmstoff zu treffen, werden Kriterien definiert, die sich aus dem Beispielprojekt ergeben. Deshalb wird zunächst das Beispielprojekt „Seniorenwohnen Veitshöchheim" der Bauunternehmung Glöckle SF Bau GmbH kurz beschrieben und dessen Anforderungen als Kriterien für die Dämmstoffauswahl festgelegt. Darauffolgend werden die nawaRo-Dämmstoffe anhand dieser Kriterien bewertet. Der Dämmstoff, der am geeignetsten für das Projekt scheint, wird für den Vergleich ausgewählt.

Im Kap. 5 wird dieser ausgewählte natürliche Dämmstoff mit einem synthetischen Dämmstoff vergleichen. Der Vergleich bezieht sich auf das Beispielprojekt „Seniorenwohnen Veitshöchheim" der Bauunternehmung Glöckle SF Bau GmbH. Begonnen wird mit der Analyse des synthetischen Dämmstoffs EPS, der in dem Bauprojekt verwendet wird. Dabei werden der Aufbau des WDVS sowie die Parameter Dämmwert und Wärmeschutz, Brandschutz und Rückbaufähigkeit im technischen Bereich beleuchtet. Für die wirtschaftliche Betrachtung werden die Lebenszykluskosten für das Projekt bei der Verwendung von EPS als Dämmstoff berechnet. Bei der Lebenszykluskostenberechnung wird auf die Errichtungskosten, Instandhaltungskosten, Betriebskosten sowie Rückbau- und Entsorgungskosten eingegangen. Im zweiten Teil des Vergleichs wird der natürliche Alternativdämmstoff, der zuvor ausgewählt wurde, ebenfalls in diesem Projekt angewendet. Der EPS-Dämmstoff wird durch den natürlichen Dämmstoff fiktiv ersetzt. In diesem zweiten Teil des Vergleichs wird die Anwendbarkeit des nawaRo-Dämmstoffs in dem Projekt anhand der gleichen Parameter analysiert.

In Kap. 6 werden die Ergebnisse aus den Analysen der zwei Dämmstoffe mithilfe einer Nutzwertanalyse betrachtet und bewertet. Zunächst wird auf die Parameter der Analysen einzeln eingegangen, um den direkten Vergleich zu schaffen. Anschließend werden die technischen und wirtschaftlichen Aspekte gewichtet und mithilfe einer Nutzwertanalyse bewertet. Dadurch werden die untereinander schwer vergleichbaren Parameter auf einen gemeinsamen Nenner gebracht.

Die Beantwortung der eingangs gestellten Forschungsfrage erfolgt abschließend im Fazit. Im Ausblick werden zuletzt Forschungsfragen erläutert, die nicht in dieser Bachelorarbeit beantwortet wurden und deshalb in weiterführenden Arbeiten betrachtet werden könnten.

In der Tab. 1.1 ist der Aufbau der Bachelorarbeit nochmals prägnant mit den wichtigsten Inhalten dargestellt.

Folgende Abgrenzungen werden für die Bachelorarbeit getroffen:

Beschränkung des Einsatzgebietes der Dämmung in den Analysen:
Es wird in den Analysen die Außenwanddämmung betrachtet, da sie flächenmäßig die größte Relevanz in einem Bauprojekt hat. Der Sockelbereich wird dabei ausgeklammert, da er besondere Anforderungen aufweist. Auf die Dachdämmung wird nicht eingegangen.

Betrachtung des Anwendungsbereichs der nawaRo-Dämmstoffe:
Bei der Betrachtung des Anwendungsbereichs von nawaRo-Dämmstoffen wird auf die regulatorischen Vorgaben aus der MBO bzw. BayBO, der MVV TB und entsprechende

Tab. 1.1 Aufbau der Bachelorarbeit mit groben Inhalten

Kapitel	Inhalt
Kap. 1	**Einleitung**
Kap. 2	**Grundlagen** • Definition von natürlichen Dämmstoffen, Nachhaltigkeit und Wirtschaftlichkeit • Vorteile von natürlichen Dämmstoffen • technische Eigenschaften von Dämmstoffen im Stand der Forschung und Stand der Technik • regulatorische Anwendbarkeit der nawaRo-Dämmstoffe
Kap. 3	**Methodik**
Kap. 4	**Potenzialanalyse** • ausgewählte Marktübersicht von nawaRo-Dämmstoffen • Kriterien aus dem Bauprojekt • Auswahl des nawaRo-Dämmstoffs für den Vergleich
Abschn. 5.1	**Analyse des EPS-Dämmstoffs** (ursprüngliche Anwendung im Projekt)
Abschn. 5.2	**Analyse des Alternativdämmstoffs** (fiktives Ersetzen des EPS-Dämmstoffs)
Kap. 6	Vergleich der beiden Dämmstoffe mithilfe einer Nutzwertanalyse
Kap. 7	Fazit und Ausblick

DIN-Normen eingegangen, da diese maßgebend für eine Baugenehmigung sind. Es wird in dieser Arbeit nicht erörtert, unter welchen Umständen oder mit welchen Zusatzmaßnahmen die natürlichen Dämmstoffe etwaig in Bereichen eingesetzt werden können, in denen sie standardisiert nicht anwendbar sind. Eine Anwendung der nawaRo-Dämmstoffe im geregelten Sonderbau wird nicht durchgeführt. Die vorhandenen Sonderbau-Richtlinien werden nicht betrachtet.

Auswahl der Parameter für die Analysen:
Eine Ökobilanzierung wird in der Bachelorarbeit nicht durchgeführt, da sich die Arbeit auf die technischen und wirtschaftlichen Aspekte beschränkt. Ein erster methodischer Ansatz für eine Einbeziehung der Ökobilanz wird im Ausblick beschreiben.

Einschränkung der technischen Analyse:
Die Betrachtung im technischen Bereich fokussiert sich auf den Wärme- und Brandschutz, da der Wärmeschutz die Betriebskosten direkt beeinflusst und der Brandschutz für die generelle Anwendbarkeit der Dämmstoffe verantwortlich ist. Weitere bauphysikalische Merkmale, wie der Schallschutz oder Feuchteschutz finden in den Analysen keine Betrachtung.

Literatur

1. Europäische Kommission, „Mitteilung der Kommission an das europäische Parlament, den Rat, den europäischen Wirtschafts- und Sozialausschuss und den Ausschuss der Regionen: Ein neuer Aktionsplan für die Kreislaufwirtschaft Für ein saubereres und wettbewerbsfähigeres Europa," Zugriff am: 30. Juni 2023. [Online]. Verfügbar unter: https://eur-lex.europa.eu/resource.html?uri=cellar:9903b325-6388-11ea-b735-01aa75ed71a1.0016.02/DOC_1&format=PDF
2. Umweltbundesamt. „Die Nutzung natürlicher Ressourcen: Ressourcenbericht für Deutschland 2022." https://www.umweltbundesamt.de/sites/default/files/medien/479/publikationen/fb_die_nutzung_natuerlicher_ressourcen_2022_0.pdf (Zugriff am: 29. Juni 2023).
3. ifeu – Institut für Energie- und Umweltforschung Heidelberg, „Der Gebäudebestand steht vor einer Sanierungswelle – Dämmstoffe müssen sich den Materialkreislauf erschließen: Endbericht," Forschungsprojekt, gefördert von der Deutschen Bundesstiftung Umwelt und dem Ministerium für Umwelt, Klima und Energiewirtschaft Baden-Württemberg. Zugriff am: 30. Juni 2023. [Online]. Verfügbar unter: https://www.dbu.de/OPAC/ab/DBU-Abschlussbericht-AZ-34426_02-Hauptbericht.pdf
4. W. Albrecht, A. Holm, C. Karrer, C. Sprengard und S. Treml, „Technologien und Techniken zur Verbesserung der Energieeffizienz von Gebäuden durch Wärmedämmstoffe: Metastudie Wärmedämmstoffe – Produkte – Anwendungen – Innovationen," Zugriff am: 6. August 2023. [Online]. Verfügbar unter: https://fiw-muenchen.de/media/publikationen/pdf/2023-04-03_Update_Metastudie.pdf
5. F. Asdrubali, F. D'Alessandro und S. Schiavoni, „A review of unconventional sustainable building insulation materials," Sustainable Materials and Technologies, Jg. 4, S. 1–17, 2015. doi:

  https://doi.org/10.1016/j.susmat.2015.05.002. [Online]. Verfügbar unter: https://www.sciencedi rect.com/science/article/pii/S2214993715000068

6. Versuchungsanstalt für Stahl, Holz und Steine, „Karlsruher Tage 2018 – Holzbau: Forschung für die Praxis, 04. Oktober – 05. Oktober 2018," 2018. [Online]. Verfügbar unter: https://mediatum. ub.tum.de/doc/1533830/923790.pdf

7. Fachagentur Nachwachsende Rohstoffe e. V. (FNR), „Marktübersicht: Dämmstoffe aus nach-wachsenden Rohstoffen," Zugriff am: 17. Juli 2023. [Online]. Verfügbar unter: https://www.fnr. de/fileadmin/allgemein/pdf/broschueren/brosch_daemmstoffe_2020_web_stand_1909_22.pdf

Kenntnisse zu natürlichen und synthetischen Dämmstoffen

2

2.1 Grundlegende Erläuterungen zu nawaRo-Dämmstoffen

2.1.1 Natürliche und synthetische Dämmstoffe

Dämmstoffe können aus organischen und anorganischen Materialien hergestellt werden. Innerhalb dieser Gruppen wird nochmals zwischen synthetischen und natürlichen Rohstoffen unterschieden. Um als „natürlicher Dämmstoff" deklariert werden zu dürfen, darf der Anteil an synthetischen Zusätzen nicht mehr als 25 % betragen. [1] In der Abb. 2.1 ist diese Unterteilung der Dämmstoffe nach ihren Rohstoffen dargestellt.

Zu den anorganischen synthetischen Dämmstoffen zählen beispielsweise Mineralwolle und Schaumglas. Organische synthetische Dämmstoffe sind, wie in der Abb. 2.1 gezeigt, beispielsweise expandiertes und extrudiertes Polystyrol (EPS und XPS) sowie Polyurethane (PUR). In den Bereich der organischen und natürlichen Dämmstoffe fallen alle nachwachsenden Rohstoffe, wie etwa Holzfasern, Holzwolle, Baumwolle, Hanf, Kork, Schafwolle und vieles mehr.

Die Dämmstoffe werden durch verschiedene Attribute unterschieden. Neben der Einteilung nach organisch/anorganisch und natürlich/synthetisch sowie einer stofflichen Unterscheidung nach ihren Rohstoffen werden sie anhand ihrer Art der Ausführung differenziert. So gibt es Dämmstoffplatten, Matten, Filze, Schäume, Einblas- und Schüttdämmungen. [2]

Wenn in den nachfolgenden Texten von natürlichen Dämmstoffen gesprochen wird, sind damit immer organische, natürliche Dämmstoffe gemeint, also Dämmstoffe aus nachwachsenden Rohstoffen (nawaRo-Dämmstoffe).

In einem Forschungsprojekt aus 2022 des Instituts für Energie- und Umweltforschung wurde eine rechenmodellbasierte Prognose des zu erwartenden Dämmstoffaufkommens

© Der/die Autor(en), exklusiv lizenziert an Springer Fachmedien Wiesbaden GmbH, ein Teil von Springer Nature 2024
T. Bäuerlein, *Natürliche Dämmstoffe als Nachhaltigkeitsfaktor*, Entwicklung neuer Ansätze zum nachhaltigen Planen und Bauen,
https://doi.org/10.1007/978-3-658-44888-2_2

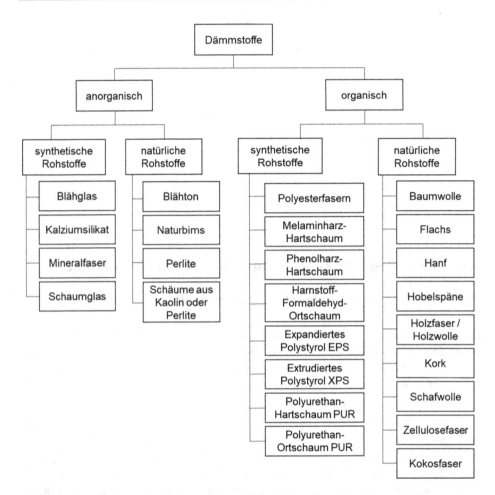

Abb. 2.1 Untergliederung der Dämmstoffe nach ihren Rohstoffen, in Anlehnung an [2]

bis 2050 durchgeführt. Die Prognose basiert auf der früheren und aktuellen Marktverteilung von verbauten Wärmedämmungen. Dafür wurde der Bestand der häufigsten Dämmstoffe aufgenommen. Für den Zeitpunkt im Jahr 2000 wurde die Verteilung über das Dämmstoffvolumen vom Gesamtverband der Dämmstoffindustrie ermittelt. Für 2021 sind die Werte bezogen auf die WDVS-Fläche erhoben worden. [3] Die Verteilungen der Dämmstoffe für das Jahr 2000 und 2021 sind in der nachfolgenden Tab. 2.1 dargestellt.

Es ist festzustellen, dass der Anteil an nachwachsenden Rohstoffen im Bereich der Wärmedämmung deutlich angestiegen ist. Es kam in den 21 Jahren zu einer Steigerung von 5,0 % auf insgesamt 14,2 %. Jedoch hat sich auch der Anteil für synthetische Dämmstoffe im Bereich des EPS stark erhöht. Ein möglicher Grund für den steigenden

Tab. 2.1 Verteilung der Dämmstoffarten für Außenwände und Dächer in Deutschland [3]

	Mineralwolle	EPS	PU	XPS	Holz / Nachwachsende Rohstoffe
Aufnahme Jahr 2000	58,3 %	28,1 %	4,6 %	4,0 %	5,0 % nachwachsende
Aufnahme Jahr 2021	26,7 %	50,3 %		8,8 %	11,5 % Holzfaser 2,7 % andere

Einsatz der nawaRo-Dämmstoffe könnte sich auf den präsenten Nachhaltigkeitsgedanken belaufen.

2.1.2 nawaRo-Dämmstoffe im Zusammenhang mit Nachhaltigkeit

Der Begriff Nachhaltigkeit oder nachhaltige Entwicklung wurde im Brundtland-Bericht von 1987 definiert. Darin wird Nachhaltigkeit bzw. nachhaltige Entwicklung beschrieben als eine Entwicklung, die *„die Bedürfnisse der Gegenwart befriedigt, ohne zu riskieren, dass künftige Generationen ihre eigenen Bedürfnisse nicht befriedigen können"* [4]. Bei dem Gedanken, die Lebensqualität künftiger Generationen nicht zu gefährden, spielen die drei Bereiche Umwelt, Wirtschaft und Soziales eine Rolle. Wenn die heutige Gesellschaft nachhaltig handelt, übernimmt sie somit Zukunftsverantwortung, indem sie vorhandene, natürliche und kulturelle Ressourcen aufrechterhält. Zudem betrifft Nachhaltigkeit auch die präsente Gesellschaft. Dabei steht eine gerechte Verteilung der vorhandenen Ressourcen und eine Verbesserung der Lebensumstände im Mittelpunkt. [4]

Nachhaltigkeit im Gebäudesektor *„sieht für alle Phasen des Lebenszyklus hohe technische Bau- und Anlagenqualität, ökologische Orientierung, sozialen Nutzen, Wirtschaftlichkeit, Energieeinsparungen usw. über die gesamte Wertschöpfungskette vor"* [5]. Anhand dieser Definition wird auch der Begriff Nachhaltigkeit für diese Bachelorarbeit festgelegt. Die Nachhaltigkeit der natürlichen Dämmstoffe aus nachwachsenden Rohstoffen bezieht sich im Sinne dieser Bachelorarbeit zum einen auf die Ressourcenschonung und zum anderen auf die, über den gesamten Lebenszyklus betrachtet, geringeren CO_2-Emissionen. NawaRo-Dämmstoffe binden während ihres Wachstums Kohlenstoffdioxid, wodurch sie über ihren Lebenszyklus weniger Emissionen verzeichnen [6]. Insgesamt zeigen diese Dämmstoffe in verarbeiteter Form eine deutlich bessere Ökobilanz als Dämmstoffe aus fossilen Rohstoffen [6].

Die bessere Ökobilanz und höhere Umweltfreundlichkeit der nawaRo-Dämmstoffe lässt sich beispielsweise durch den geringeren und weniger schädlichen Emissionsausstoß im Brandfall darlegen. Die Schadstoff-Emissionen der nawaRo-Dämmstoffe Holzfaser, Cellulose, Wiesengras, Hanf- und Jutefaser, Kork und Seegras fallen im Brandfall in quantitativer Hinsicht deutlich geringer aus als bei dem herkömmlichen mineralölbasierten Dämmstoff Polystyrol, wie die Fachagentur Nachwachsende Rohstoffe e. V. (FNR) in

Abb. 2.2 Emissionsmengen
der nawaRo-Dämmstoffe bei
der Verbrennung als Faktoren
zur Emissionsmenge von
Polystyrol (100 %), in
Anlehnung an [7]

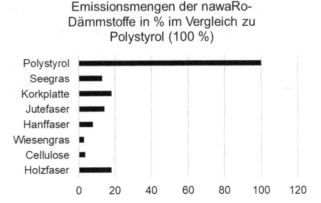

ihrem Forschungsprojekt zum Thema „Brandschutz und Glimmverhalten" von nawaRo-Dämmstoffen festgestellt hat. Die Emissionsmengen der nawaRo-Dämmstoffe liegen nah beieinander und sind dabei deutlich geringer als die Emissionen des synthetischen Dämmstoffs Polystyrol. Dies ist in Abb. 2.2 dargestellt. Die Emissionsmenge des Polystyrols wird hierbei als Referenz mit 100 % angesetzt und die Emissionsmengen der nawaRo-Dämmstoffe sind als Faktor dargestellt. Dabei belaufen sich die Emissionen der Verbrennungsprozesse auf eine Menge zwischen 2,7 % (Wiesengras) und maximal 18 % (Holzfaser und Kork) im Vergleich zum Polystyrol. [7]

Des Weiteren ist die Art der entstehenden Emissionen bei synthetischen Dämmstoffen umweltschädlicher als bei natürlichen Dämmstoffen. Bei der Verbrennung des synthetischen, mineralölbasierenden Polystyrols entstehen überwiegend substituierte Benzole und polycyclische aromatische Kohlenwasserstoffe (PAK). Dabei haben PAK, substituierte Benzole und Aldehyde eine höhere toxikologische Bedeutung für Menschen und Umwelt als substituierte Phenole, Carbonsäuren und aliphatische Kohlenwasserstoffe. Die meisten Verbindungen der PAK sind sehr giftig für Wasserorganismen mit langfristiger Wirkung. Für Menschen können einige Verbindungen Reizungen der Schleimhäute oder der Haut bis hin zu Störungen des Nervensystems verursachen. Einige PAK zählen auch als vermutlich krebserregend. Dämmstoffe aus nachwachsenden Rohstoffen verursachen bei ihrer Verbrennung überwiegend die genannten unbedenklicheren Emissionen. [7]

Die Vorteile von Dämmstoffen aus nachwachsenden Rohstoffen im Brandfall sind somit ein Grund, warum diese zur Verbesserung der Nachhaltigkeit von Gebäuden in Betracht gezogen werden sollten. Deshalb wird die Performance dieser Dämmstoffe im Nachgang betrachtet.

2.1.3 Wirtschaftlichkeit

Die Wirtschaftlichkeit ist ebenfalls ein Teil der Nachhaltigkeit. Nach dem ökonomischen Prinzip beschreibt die Wirtschaftlichkeit immer ein Verhältnis von Output zu Input. Wirtschaftlichkeit ist dann vorhanden, wenn der Wert des Outputs, also die erbrachten Leistungen oder hergestellten Güter, größer als der Wert des Inputs, also die verbrauchten Leistungen und Güter, ist. [8]

Bei Bauprojekten beschränkt sich die Wirtschaftlichkeit oftmals noch alleinig auf die Investitions-, Anschaffungs- bzw. Errichtungskosten. Um die Wirtschaftlichkeit nur in diesem Bereich nachzuweisen, wird auf die kostengünstigeren Baumaterialien zurückgegriffen. Im Sinne der Nachhaltigkeit muss die Wirtschaftlichkeit von Gebäuden jedoch über ihren gesamten Lebenszyklus hinweg betrachtet werden. Darin sind neben den Errichtungskosten weitere Kosten in Form von Nutzungskosten sowie etwaige Abbruchs- und Rückbaukosten vorhanden. Vor allem die Nutzungskosten mit Kosten aus dem Gebäudebetrieb und der Instandhaltung können die Errichtungskosten um ein Mehrfaches übersteigen. Eine Lebenszykluskostenberechnung zeigt die Kostenverteilungen über den Lebenszyklus auf. Mit ihr lassen sich Optimierungspotenziale für die Auswahl von Bauprodukten identifizieren. [5]

Ein kostenintensiveres Produkt kann somit eventuell die Errichtungskosten erhöhen, jedoch über den Lebenszyklus betrachtet Betriebskosten einsparen. Ob die Wirtschaftlichkeit bei der Verwendung des teureren Produkts gegeben ist, zeigt die Lebenszykluskostenberechnung. [9]

Um die Nachhaltigkeit auch in der ökonomischen Dimension zu berücksichtigen, wird für den wirtschaftlichen Vergleich des natürlichen und synthetischen Dämmstoffs in dieser Bachelorarbeit eine Lebenszykluskostenberechnung durchgeführt. Darin wird auf die Errichtungs-, Betriebs-, Instandhaltungs- und Rückbaukosten eingegangen.

2.1.4 Rückbau- und Recyclingfähigkeit von Dämmstoffen

Beim Rückbau von Dämmungen können die Dämmstoffe auf unterschiedliche Weise entsorgt werden. Grundlegende Handlungsvorschriften für den Umgang mit verbauten Dämmstoffen an Gebäuden liefert das Kreislaufwirtschaftsgesetz (KrWG). Die Abfallbewirtschaftung wird durch die fünfstufige Abfallhierarchie festgelegt und priorisiert. In folgender Rangfolge wird gemäß § 6 KrWG mit der Abfallbewirtschaftung verfahren: [10]

1. Vermeidung
2. Vorbereitung zur Wiederverwendung
3. Recycling
4. Sonstige Verwertung, insbesondere energetische Verwertung und Verfüllung

5. Beseitigung [10]

Bei der Auswahl des Verfahrens muss zum einen auf die Auswirkungen auf Menschen und Umwelt geachtet werden, zum anderen das Vorsorge- und Nachhaltigkeitsprinzip gewährleistet werden [10].

Dämmstoffabfälle entstehen entweder bei einer anstehenden Sanierung von bereits gedämmten Gebäuden, beim Rückbau eines Gebäudes oder auch durch Verschnitte beim Neubau und Sanierungen [3]. Generell sollten Abfälle zunächst vermieden werden. Dies würde sich beispielsweise durch die Aufdopplung eines vorhandenen Wärmedämm-Verbundsystems, kurz WDVS, ergeben. Dadurch fällt zunächst kein Abfall an. Dies setzt aber auch voraus, dass das vorhandene WDVS noch funktionstauglich ist. Ist jedoch ein Rückbau unumgänglich, stehen zwei Verwertungsmöglichkeiten zur Verfügung. Die erste Möglichkeit bildet das Recycling, was einer stofflichen Verwertung entspricht und in der Abfallhierarchie höher steht. Dafür müssen die WDVS-Komponenten jedoch sortenrein getrennt werden. Die zweite Möglichkeit stellt die thermische Verwertung dar. Dies entspricht der Verbrennung in einem Müllheizkraftwerk. Die letzte Möglichkeit mit dem Abfall zu verfahren, ist die Einlagerung auf Deponien, wobei jedoch keine Verwertung mehr stattfindet. [11]

Die Dämmstoffentsorgung findet aktuell größtenteils entweder mittels Verbrennung bzw. thermischer Verwertung oder durch Deponierung statt. Dies ist jedoch ökologisch weniger sinnvoll als eine stoffliche Verwertung, da die (nicht-nachwachsenden) Rohstoffe den Stoffkreislauf verlassen. Am nachhaltigsten ist eine Wiederverwendung insbesondere der synthetischen Dämmstoffe. Problematisch bei der Wiederverwendung und der stofflichen Verwertung sind jedoch die Anforderungen, die an die Reinheit der Dämmstoffe gestellt werden. Sie müssen für eine stoffliche Verwertung sortenrein und sauber sein. Dies stellt die größte Herausforderung dar und ist gleichzeitig das größte Hemmnis, weshalb der Status Quo noch auf die Verbrennung oder Deponielagerung setzt. Je nach Dämmmaterial sind eventuelle Verunreinigungen tolerierbar. Für den Recyclingprozess sind kleinere Anhaftungen an dem Dämmmaterial unproblematisch, jedoch aufgrund von hohen Qualitätsanforderungen nicht gewünscht. Der Verunreinigungsgrad geht mit der Verbauweise der Dämmstoffe einher. Bei einem Einsatz der Dämmung im Wärmedämm-Verbundsystem kann sie nicht ohne Anhaftung von Putz und Kleber rückgebaut werden. [3]

Jedoch sind bereits Verfahren erprobt, die ein Recycling von verschmutzten Kunststoffabfällen, wie EPS-Dämmplatten möglich machen. Eines davon ist die Pyrolyse, welche ein chemisches Recycling darstellt. Dabei werden die chemischen Verbindungen thermochemisch aufgespalten, wodurch Verschmutzungen sowie beispielsweise HBCD entfernt werden können. Dabei werden Feststoffe, Gase und auch Pyrolyseöl aus den verbauten Dämmplatten zurückgewonnen. [12]

Die stoffliche Verwertung von Dämmstoffen aus nachwachsenden Rohstoffen begrenzt sich aktuell noch fast ausschließlich auf Verschnittreste und Baustellenverschnitt, nicht auf rückgebaute Dämmmaterialien. Die natürlichen Dämmstoffe werden nur vereinzelt zurückgebaut, da sie erstmals 1980 auf den Markt kamen, aber erst seit wenigen Jahren in größerem Maße vermarktet und verbaut werden und dadurch ihr Lebenszyklus die Rückbauphase noch nicht erreicht hat. Produktionsabfälle und sortenreiner Baustellenverschnitt werden bereits in die Produktion zurückgeführt. Dort werden sie zermahlen und können im Produktionsprozess wieder eingearbeitet werden. [12]

Für rückgebaute Dämmstoffe ist die Rückführung in die Produktion auch aus technischer Sicht möglich, jedoch stellt die Verunreinigung der Dämmstoffplatten hierbei die Herausforderung dar. Weitere Verwertungswege werden aktuell von den Herstellern nur in geringem Maße erprobt, da die thermische Verwertung bei Holz durch dessen CO_2-neutrale Verbrennung ein attraktiver Weg für die Hersteller ist. Bei der Verbrennung von Holz wird die Menge an Kohlenstoffdioxid frei, die im Laufe der Wachstumsphase des Baumes gebunden wurde. Daher wird von CO_2-neutraler Verbrennung gesprochen. Es muss frühzeitig das Bewusstsein für die Kreislaufwirtschaft gestärkt werden, damit Verwertungskonzepte weiterentwickelt und etabliert werden. [3]

Für diese Bachelorarbeit bedeutet dies, dass die Montageart als ein Kriterium für die Auswahl des natürlichen Dämmstoffs in der späteren Potenzialanalyse definiert wird. Dafür wird zunächst regulatorisch betrachtet, welche Möglichkeiten zulässig sind. Dann wird ein Produkt ausgewählt, das möglichst sortenrein rückbaubar ist, um die Nachhaltigkeit des Gebäudes und die Recyclingfähigkeit des Dämmstoffs zu erhöhen.

Die Möglichkeiten der Verbauweise der Dämmstoffe wird dabei teilweise von dessen Brandschutzanforderungen durch Regelwerke beschränkt. Die Anwendbarkeit der Dämmstoffe ist von deren Brandverhalten abhängig und größtenteils durch die regulatorischen Bestimmungen durch Bauordnungen und Technische Baubestimmungen bestimmt. Das Problem der Anwendung von nawaRo-Dämmstoffen wird nachfolgend beleuchtet. Dafür werden zunächst die bauaufsichtlichen Begriffe zur Brennbarkeit und die Einstufungen in die Baustoffklassen erläutert. Es wird mithilfe der regulatorischen Vorgaben herausgearbeitet, welche brandschutztechnischen Anforderungen die Dämmstoffe in welchen Gebäudeklassen einhalten müssen.

2.2 Regulatorische, brandschutztechnische Anforderungen an Dämmstoffe

2.2.1 Allgemeine Anforderungen an das Brandverhalten von Baustoffen

Das Brandverhalten von Baustoffen wird allgemein in der Musterbauordnung (MBO) im § 26 Abs. 1 beschrieben.

„Baustoffe werden nach den Anforderungen an ihr Brandverhalten unterschieden in

1. *nichtbrennbare,*
2. *schwerentflammbare,*
3. *normalentflammbare"* Baustoffe [13].

Leichtentflammbare Baustoffe dürfen generell nicht verwendet werden, außer wenn sie zusammen mit anderen Baustoffen nicht leichtentflammbar sind. [13]

In der Muster-Verwaltungsvorschrift Technische Baubestimmungen (MVV TB) sind die oben genannten Begriffe definiert. Nichtbrennbar bedeutet, dass die Baustoffe bzw. Teile baulicher Anlagen keinen Beitrag zum Brand leisten. Dabei darf *„keine oder eine begrenzt bleibende Entzündung, geringstmögliche Rauchentwicklung, kein fortschreitendes Glimmen und/oder Schwelen und kein brennendes Abtropfen oder Abfallen auftreten"* [14]. Als schwerentflammbar wird ein Baustoff bezeichnet, wenn er nur einen begrenzten Beitrag zum Brand leistet und nur eine begrenzte Brandausbreitung im Brandfall vorliegt. Hier wird ebenfalls die Anforderung gestellt, dass kein fortschreitendes Glimmen auftritt. Normalentflammbare Baustoffe leisten ebenso nur einen begrenzten Beitrag zum Brand und dürfen, sofern erforderlich, nicht brennend abfallen oder abtropfen. [14]

Baustoffe werden entsprechend ihres Brandverhaltens noch in Baustoffklassen eingeteilt. Diese sind national in der DIN 4102-1 und europaweit in der europäischen Norm DIN EN 13501-1 unterschiedlich definiert. Gemäß DIN 4102-1 wird zwischen brennbaren und nichtbrennbaren Baustoffen unterschieden. In Tab. 2.2 sind die Benennungen aus der MBO wiederzufinden und den Baustoffklassen zugeordnet.

In der DIN13501-1 sind die Baustoffklassen enger in die Klassen A1, A2, B, C, D, E und F unterteilt. Zudem wird darin auch auf das brennende Abtropfen bzw. Abfallen im Brandfall sowie die Rauchentwicklung eingegangen. Die Bauprodukte werden mit weiteren Attributen versehen.

Die Rauchentwicklung (s für smog) wird in folgende Klassen unterteilt:

s1:　keine bzw. nur geringe Rauchentwicklung
s2:　beschränkte Rauchentwicklung
s3:　keine Beschränkungen [16]

Tab. 2.2 Baustoffklassen nach DIN 4102-1, in Anlehnung an [15]

Baustoffklasse	Bauaufsichtliche Benennung
A	**nichtbrennbare Baustoffe**
A1	
A2	
B	**Brennbare Baustoffe**
B1	schwerentflammbare Baustoffe
B2	normalentflammbare Baustoffe
B3	leichtentflammbare Baustoffe

Das Kriterium „brennendes Abfallen bzw. Abtropfen" wird abgekürzt mit d (droplets) und unterschieden in:

d0:   kein brennendes Abtropfen/Abfallen
d1:   kein fortlaufendes brennendes Abtropfen/Abfallen
d2:   keine Beschränkungen [16]

In der nachfolgenden Tab. 2.3 werden die europäischen Baustoffklassen und die nationalen Baustoffklassen nebeneinandergestellt. Die beiden Normen können jedoch nicht direkt miteinander verglichen werden. Es wird in der MVV TB eine Parallele zwischen den bauaufsichtlichen Benennungen, die in der deutschen Norm verwendet werden, und den Benennungen aus der DIN EN 13501-1 geschlagen. Dies ist in der Tab. 2.3 mit den farbigen Markierungen dargestellt. In der DIN 4102-1 sind keine Angaben zum Rauchverhalten und brennendem Abtropfen in der Benennung der Baustoffklasse enthalten, jedoch sind die Angaben teilweise den Baustoffklassen als zusätzliche Merkmale zugewiesen [12].

In beiden Normen wird von schwer- und normalentflammbaren Baustoffen gesprochen. Das „schwerentflammbar" der deutschen Norm ist jedoch nicht dem „schwerentflammbar" der europäischen Norm gleichzustellen. In der deutschen und europäischen Norm werden unterschiedliche Prüfverfahren durchgeführt. Die europäische Norm wendet den Single Burning Item Test an, die deutsche Norm führt die Brandschachtprüfung durch [16, 17]. Die Anforderungen der beiden Normen fundieren daher auf einer unterschiedlichen Basis, weshalb keine direkte Vergleichbarkeit und Zuordnung zwischen den Normen aufgestellt werden kann [12].

2.2.2 Brandschutzanforderungen an die Außenwände nach der Musterbauordnung

Bei Brandschutzanforderungen an Wände und deren Bekleidungen wird unterschieden in die Feuerwiderstandsklasse von Bauteilen und in Anforderungen an das Brandverhalten von Baustoffen, was durch die Baustoffklassen beschrieben wird.

Die MBO unterteilt tragende und aussteifende Bauteile durch ihre Feuerwiderstandsfähigkeit in feuerbeständige, hochfeuerhemmende und feuerhemmende Bauteile. Dabei wird die Standsicherheit im Brandfall betrachtet. Für raumabschließende Bauteile ist zudem ihre Widerstandsfähigkeit gegen die Brandausbreitung von Bedeutung. [13]

Hierbei spielen die Gebäudeklassen eine entscheidende Rolle, da die Anforderungen an die Außenwände und an ihre Bekleidungen sich in der jeweiligen Gebäudeklasse unterscheiden. Die Gebäudeklassen sind in der Musterbauordnung im § 2 Abs. 2 definiert. Dabei wird bei deren Untergliederung auf die Höhe der Gebäude und deren Nutzungseinheiten eingegangen. Die Höhe des Gebäudes bezieht sich auf die Höhe zwischen der

Tab. 2.3 Baustoffklassen nach DIN EN 13501-1 und DIN 4102-1 mit identischen Benennungen aus der MVV TB (farbig) [14, 16, 17]

Klassen für Bauprodukte nach DIN EN 13501-1 (14.1)				DIN 4102-1	bauaufsichtliche Bezeichnung
A1	A1			**A1**	nichtbrennbar
A2	A2-s1, d0 *			**A2**	nichtbrennbar
	A2-s1, d1	A2-s1, d2			
	A2-s2, d0	A2-s2, d1	A2-s2, d2		
	A2-s3, d0	A2-s3, d1	A2-s3, d2		
B	B-s1, d0	B-s1, d1	B-s1, d2	**B1**	schwerentflammbar
	B-s2, d0	B-s2, d1	B-s2, d2		
	B-s3, d0	B-s3, d1	B-s3, d2		
C	C-s1, d0 *	C-s1, d1	C-s1, d2 *		
	C-s2, d0 *	C-s2, d1	C-s2, d2 *		
	C-s3, d0	C-s3, d1	C-s3, d2		
D	D-s1, d0	D-s1, d1	D-s1, d2		
	D-s2, d0	D-s2, d1	D-s2, d2		
	D-s3, d0	D-s3, d1	D-s3, d2	**B2**	normalentflammbar
E	E				
			E-d2		
F	F			**B3**	leichtentflammbar

Nichtbrennbar und nicht brennend abfallend/abtropfend + geringe Rauchentwicklung

Schwerentflammbar und nicht brennend abfallend/abtropfend + geringe Rauchentwicklung

Schwerentflammbar und nicht brennend abfallend/abtropfend

Schwerentflammbar und geringe Rauchentwicklung

Schwerentflammbar

Normalentflammbar und nicht brennend abfallend/abtropfend

Normalentflammbar

*Angabe zum Glimmverhalten nötig gem. MVV TB Anhang 4, Tabelle 1.2;

ggfs. Angabe zum Schmelzpunkt und der erforderlichen Rohdichte nötig

mittleren Geländeoberfläche bis zur Fußbodenoberkante des höchstgelegenen Geschosses, in dem ein Aufenthaltsraum möglich ist. Die Flächen, die in der nachfolgenden Tab. 2.4 zu finden sind, beziehen sich auf die Brutto-Grundflächen der Nutzungseinheiten. [13]

Zu beachten ist des Weiteren, dass Sonderbauten in den einzelnen Gebäudeklassen vorkommen können. Diese sind Gebäude mit besonderer Art und Nutzung. Bei ihnen gelten spezifische Regelungen und Anforderungen. [13]

Gemäß diesen Gebäudeklassen werden in der MVV TB, der MBO und der DIN 4102-2 Anforderungen an die Feuerwiderstandsfähigkeit der Außenwände gestellt. Diese sind in der Tab. 2.5 dargestellt.

Tab. 2.4 Gebäudeklassen nach MBO [13]

Gebäude-klasse	Höhe	Nutzungseinheiten	Weitere Angaben
1	bis zu 7 m	max. 2 Nutzungseinheiten insgesamt nicht mehr als 400 m^2	Freistehend
2	bis zu 7 m	max. 2 Nutzungseinheiten insgesamt nicht mehr als 400 m^2	–
3	bis zu 7 m	–	alle sonstigen Gebäude
4	bis zu 13 m	Nutzungseinheiten mit nicht mehr als je 400 m^2	–
5	–	–	sonstige Gebäude inkl. unterirdischer Gebäude

Tab. 2.5 Zuordnung der Feuerwiderstandsfähigkeit von tragenden und aussteifenden Wänden und Stützen zu ihrer Gebäudeklasse, den Feuerwiderstandsklassen und ihrer Feuerwiderstandsdauer [13, 14] und [17]

bauaufsichtliche Bezeichnung § 26 (1) MBO	Gebäudeklasse § 27 (1) MBO	Feuerwiderstandsklasse DIN 4102-2	Feuerwiderstandsdauer in Minuten MVV TB
feuerhemmend	2 und 3	F30	≥ 30
hochfeuerhemmend	4	F60	≥ 60
feuerbeständig	5	F90	≥ 90
		F120	≥ 120
		F180	≥ 180
	GKL1 hat keine Anforderungen		

Tab. 2.6 Anforderungen an die Oberflächen von Außenwänden gem. MBO [13]

Gebäudeklasse	Oberflächen von Außenwänden und Außenwandbekleidungen § 28 (3) und (5)
1	normalentflammbar *
2	normalentflammbar *
3	normalentflammbar *
4	schwerentflammbar, nicht brennend abfallen oder abtropfen
5	schwerentflammbar, nicht brennend abfallen oder abtropfen
	* gem. § 26 (1) mindestens normalentflammbar; nur dann leichtentflammbar, wenn der Baustoff in Verbindung mit anderen Baustoffen nicht leichtentflammbar ist

Die Feuerwiderstandsklasse F30 fordert somit, dass die Feuerwiderstandsdauer der Außenwand im Brandfall mindestens 30 min betragen muss. In dieser Zeit müssen die Außenwände den Einwirkungen des Brandes standhalten.

Die Brandschutzanforderungen an die Außenwände von Gebäuden werden in der MBO im § 28 genauer beschrieben. Dabei werden auch an die Oberflächen der Außenwände bzw. die Außenwandbekleidungen Anforderungen gestellt, die in der Tab. 2.6 aufgeführt sind.

Des Weiteren ist in der MBO beschrieben, dass für *„Außenwandkonstruktionen mit geschossübergreifenden Hohl- oder Lufträumen wie hinterlüftete Außenwandbekleidungen […] besondere Vorkehrungen zu treffen"* [13] sind. Diese besonderen Vorkehrungen sind in der MVV TB genauer definiert. Bei hinterlüfteten Fassaden muss die Wärmedämmung nichtbrennbar sein. Des Weiteren sind in jedem zweiten Geschoss horizontale Brandsperren im Hinterlüftungsspalt anzuordnen. [14] Dabei sind diese erhöhten Anforderungen an die hinterlüfteten Außenwandbekleidungen nur für die Gebäudeklassen 4 und 5 nötig. In den Gebäudeklasse 1 bis 3 sind keine besonderen Vorkehrungen zu treffen. [13]

Darüber hinaus ist zu beachten, dass die Außenwände, die einen notwendigen Treppenraum umschließen, weiteren höheren Anforderungen unterliegen. Beispielsweise müssen gemäß § 35 Abs. 5 Nr. 1 MBO die Dämmstoffe der Außenwände der Treppenräume aus nichtbrennbaren Dämmstoffen bestehen, wenn der Ausgang eines notwendigen Treppenraumes nicht unmittelbar ins Freie führt. [13]

Es ist zu beachten, dass je nach Standort des Bauprojekts die jeweiligen Anforderungen aus den Landesbauordnungen gelten. Das Projekt „Seniorenwohnen Veitshöchheim" wird in Bayern errichtet, wodurch die Anforderungen durch die bayrische Bauordnung (BayBO) bestimmt werden. In den angesprochenen Paragrafen der MBO sind keine grundlegenden Abweichungen in der Bayrischen Bauordnung zu finden. Lediglich sind die Paragrafen in der BayBO als Artikel bezeichnet und in der numerischen Bezeichnung nicht übereinstimmend. Inhaltlich sind aber keine Unterschiede festgestellt worden, weshalb auf die BayBO nicht weiter eingegangen wird. [18]

2.2.3 Einsatzmöglichkeiten von natürlichen Dämmstoffen gemäß den Gebäudeklassen

Mithilfe der in Abschn. 2.2.1 und 2.2.2 erläuterten regulatorischen Vorschriften können die Dämmstoffe für die Außenwände ausgewählt werden. Dabei sind zwei Kriterien zu beachten.

Zum einen muss der Dämmstoff die für die Gebäudeklasse zugeschriebenen Brandeigenschaften aufweisen. Dafür dient die Tab. 2.6, die die bauaufsichtlichen Beschreibungen des Brandverhaltens den Gebäudeklassen zuordnet. Die Bezeichnungen sind in der Tab. 2.3 den Baustoffklassen nach DIN EN 13501-1 und DIN 4102-1 zugewiesen.

Um das Prinzip zu verdeutlichen, wird ein kurzes Beispiel herangezogen. In der Gebäudeklasse 4 muss die Oberfläche der Außenwand, also die Dämmung, mindestens schwerentflammbar sein, siehe Tab. 2.6. Zudem darf sie nicht brennend abfallen oder abtropfen [14]. Demnach dürfen in der Gebäudeklasse 4 nach DIN 4102-1 nur Baustoffe der Baustoffklasse B1 eingesetzt werden, siehe Tab. 2.3. Nach DIN EN 13501-1 entsprechen die Baustoffe der Klasse B und C, sowie teilweise A der schwerentflammbaren Bauweise. Hierbei ist erneut auf die fehlende Vergleichbarkeit der beiden Normen hinzuweisen. Die Euroklassen A, B und C sind nicht automatisch mit der schwerentflammbaren nationalen Baustoffklasse B1 gleichzusetzen, wie im Abschn. 2.2.1 erläutert wurde.

Zum anderen muss die Außenwand ihre Anforderungen an die Feuerwiderstandsklasse einhalten. Die Zuordnung der Feuerwiderstandsklassen zu den Gebäudeklassen ist in der Tab. 2.5 zu sehen. Das ist vor allem dann von Relevanz, wenn die tragenden Wände aus einem brennbaren Material errichtet wurden, wie beispielsweise in Holztafelbauweise. Der gesamte Wandaufbau muss die Schutzziele der Feuerwiderstandsklasse erreichen, so wie sie in der Tab. 2.5 zu finden sind.

Solange das betroffene Gebäude keine weiteren Anforderungen als die gemäß der Gebäudeklassen aufweist, können die vorherigen Tabellen angewendet werden. Ist das Gebäude jedoch nach § 2 Abs. 4 MBO, bzw. gemäß dem entsprechenden Paragrafen in der zugehörigen Landesbauordnung, als Sonderbau kategorisiert, gelten nochmals spezielle, eventuell abweichende Anforderungen an die Außenwände und ihre Bekleidungen [13]. Dafür muss in den Verwaltungsvorschriften des betroffenen Bundeslandes die Anforderungen für den geregelten Sonderbau beachtet werden, welcher sich auf etwaige weitere Richtlinien bezieht [14]. Da es nicht möglich ist, dies in Kürze darzustellen, wird die Besonderheit Sonderbau in dieser Bachelorarbeit nicht betrachtet.

Somit lässt sich feststellen, dass sich die Anwendbarkeit der natürlichen Dämmstoffe ohne Zusatzmaßnahmen auf die Gebäudeklassen 1 bis 3 begrenzt. Innerhalb der Gebäudeklassen können dennoch weitere Einschränkungen für die nawaRo-Dämmstoffe vorhanden sein, wenn die Anforderung an nichtbrennbare Baustoffe gestellt wird, was zum Beispiel teilweise die Treppenräume betrifft.

2.2.4 Probleme bei der Verwendung von nawaRo-Dämmstoffen aufgrund des Glimmverhaltens

Das angesprochene Problem der begrenzten Einsatzfähigkeit der nawaRo-Dämmstoffe ist in der Forschung bereits bekannt. Die Fachagentur Nachhaltige Rohstoffe e. V. (FNR) beschreibt, dass der Einsatzbereich von Dämmstoffen aus nachwachsenden Rohstoffen vor allem durch bauaufsichtliche Anforderungen stark gehemmt bzw. beschränkt wird. Diese Beschränkungen beziehen sich vor allem auf brennbare, normalentflammbare Baustoffe, die keine Anforderungen an das Schwelen aufweisen. [7]

Das Glimmverhalten spielt für die Einsatzfähigkeit der natürlichen Dämmstoffe somit eine entscheidende Rolle, wenn es um die Anwendbarkeit bei schwerentflammbaren Bauteilen geht. Bei schwerentflammbaren oder nichtbrennbaren Teilen baulicher Anlagen ist ein Schwelverhalten ohne Neigung zum kontinuierlichen Schwelen gemäß der Musterverwaltungsvorschrift Technische Baubestimmungen nötig, wie es in der Tab. 2.3 dargestellt ist. [14]

Im deutschsprachigen Raum wird zwischen Glimmen und Schwelen unterschieden. Beim Glimmen kommt es zu einer Lichterscheinung, jedoch ohne Flammenbildung. Für die Betrachtung im Hinblick auf den Brandschutz ist eine Unterscheidung nicht erforderlich, da die Auswirkungen identisch sind. [7] Schwelen wird in der DIN EN 16733 definiert als *„Verbrennung eines Materials ohne Flammenbildung und mit oder ohne sichtbares Licht. Schwelen ist der Oberbegriff, der das Glimmen einschließt. […] In der Regel ist das Schwelen durch einen Temperaturanstieg und/oder durch die Entwicklung von flüchtigen Verbrennungsprodukten charakterisiert"* [19].

NawaRo-Dämmstoffe zeigen bezüglich ihres Schwelverhaltens mit zunehmender Rohdichte eine abnehmende Glimmbeschleunigung auf. Das bedeutet, dass das Glimmen sich bei höherer Rohdichte nicht so schnell im Dämmstoff ausbreitet. Bei Holzfaserdämmstoffen erzielen größere Fasern eine geringere Glimmbeschleunigung als kleine Fasern. Zudem weisen Holzfaserdämmungen, die gemäß DIN EN 13501-1 den Baustoffklassen D oder C zugeordnet sind, deutlich langsameres Schwelverhalten auf als in der Baustoffklasse E. In weiterer Betrachtung weisen Hanf- und Jutefasern im unbehandelten Zustand eine Neigung zum kontinuierlichen Schwelen auf, wohingegen verarbeitete Hanf- und Jutematten oder -platten kein kontinuierliches, selbsterhaltendes Schwelen zeigen. Diese zersetzen sich thermisch. Ebenso zeigt Korkdämmung kein kontinuierliches Schwelen, sondern nur eine leichte Zersetzung. Der Schwelprozess von Seegras, Zellulose sowie Holzfasern kann gestoppt werden, wenn eine Sauerstoffsättigung der Umgebungsluft von weniger als 12 Vol.% vorhanden ist. [7]

Es gibt nawaRo-Dämmstoffe, die nach europäischer Norm als schwerentflammbarer Dämmstoff, nach deutscher Norm jedoch als normalentflammbarer Dämmstoff kategorisiert werden. Das Glimmverhalten der Baustoffe ist, gemäß der FNR, für die Zuordnung in die nationale Baustoffklasse ausschlaggebend. Über den Nachweis des Glimmverhaltens, dass die nawaRo-Dämmstoffe kein kontinuierliches Schwelen aufweisen, verfügt aktuell noch kein Hersteller. Diese Dokumentation ist jedoch für eine deutsche Zulassung nötig. Deshalb kann es aktuell zu keiner durchweg einheitlichen und einfachen Anwendung der nawaRo-Dämmstoffe in den höheren Gebäudeklassen kommen. Die Zuordnung der nawaRo-Dämmstoffe in die Baustoffklasse B1 ist somit trotz der Zuordnung zu einer europäischen schwerentflammbaren Baustoffklasse nicht möglich. Deshalb bleiben die nawaRo-Dämmstoffe weiterhin der Baustoffklasse B2 zugeordnet. [20]

Dadurch ist die standardisierte Anwendbarkeit der nawaRo-Dämmstoffe in den Gebäudeklassen 4 und 5 bauaufsichtlich nicht zugelassen. [7]

Bei Wärmedämm-Verbundsystemen mit Holzfaserdämmplatten konnte durch die FNR festgestellt werden, dass sich der Dämmstoff bei einem aufgetragenen Dickschichtputz nicht am Brandgeschehen beteiligt. Bei einer Putzschichtdicke ab 25 mm wird der Energieeintrag in die Dämmung wirkungsvoll reduziert [7]. Dadurch wird kein oder lediglich ein sich nur langsam ausbreitender Schwelbrand erzeugt. Das Gesamtsystem erreicht somit die Anforderungen an eine schwerentflammbare Außenwandbekleidung. Zudem stoppt eine Rasterung der Fassade in kleinere Segmente mittels Brand- bzw. Schwelsperren aus Mineralwolle eine sich ausbreitende Schwelfront [7]. Dennoch ist die Verwendung von schwelenden Dämmstoffen bauaufsichtlich in der Gebäudeklasse 4 und 5 nicht zugelassen. Das Glimmverhalten der Baustoffe ist somit neben ihrer Brennbarkeit ausschlaggebend für die Anwendbarkeit in den Gebäudeklassen. [20]

Literatur

1. B. Hauke, C. Lemaitre und A. Röder, Nachhaltigkeit, Ressourceneffizienz und Klimaschutz: Konstruktive Lösungen für das Planen und Bauen : Aktueller Stand der Technik. Berlin: Wilhelm Ernst & Sohn, 2021.
2. G. Neroth und D. Vollenschaar, Hg. Wendehorst Baustoffkunde: Grundlagen – Baustoffe – Oberflächenschutz, 27. Aufl. (Praxis). Wiesbaden: Vieweg + Teubner, 2011.
3. ifeu – Institut für Energie- und Umweltforschung Heidelberg, „Der Gebäudebestand steht vor einer Sanierungswelle – Dämmstoffe müssen sich den Materialkreislauf erschließen: Endbericht," Forschungsprojekt, gefördert von der Deutschen Bundesstiftung Umwelt und dem Ministerium für Umwelt, Klima und Energiewirtschaft Baden-Württemberg. Zugriff am: 30. Juni 2023. [Online]. Verfügbar unter: https://www.dbu.de/OPAC/ab/DBU-Abschlussbericht-AZ-34426_02-Hauptbericht.pdf
4. A. Grunwald und J. Kopfmüller, Nachhaltigkeit: 3. Auflage, 3. Aufl. (Studium). Frankfurt am Main: Campus Verlag, 2022. [Online]. Verfügbar unter: http://www.content-select.com/index.php?id=bib_view&ean=9783593447063
5. M. Pfeiffer, A. Bethe und C. P. Pfeiffer, Nachhaltiges Bauen: Wirtschaftliches, umweltverträgliches und nutzungsgerechtes Bauen. München: Hanser, 2022.
6. Versuchsanstalt für Stahl, Holz und Steine, „Karlsruher Tage 2018 – Holzbau: Forschung für die Praxis, 04. Oktober – 05. Oktober 2018," 2018. [Online]. Verfügbar unter: https://mediatum.ub.tum.de/doc/1533830/923790.pdf
7. Fachagentur Nachwachsende Rohstoffe e.V. (FNR), „Schlussbericht zum Vorhaben: Verbundvorhaben: Mehr als nur Dämmung – Zusatznutzen von Dämmstoffen aus nachwachsenden

Rohstoffen (NawaRo-Dämmstoffe) Teilvorhaben Arbeitsbereich 1 "Brandschutz und Glimm-verhalten"," Zugriff am: 6. Juli 2023. [Online]. Verfügbar unter: https://www.tib.eu/de/suchen? tx_tibsearch_search%5Baction%5D=download&tx_tibsearch_search%5Bcontroller%5D= Download&tx_tibsearch_search%5Bdocid%5D=TIBKAT%3A1815384107&cHash=42772b d3d79402b80a4a4712f3adbb9b#download-mark

8. G. Schwabe, N. Streitz und R. Unland, Hg. CSCW-Kompendium: Lehr- und Handbuch zum computerunterstützten kooperativen Arbeiten (Springer eBook Collection Computer Science and Engineering). Berlin, Heidelberg, s.l.: Springer Berlin Heidelberg, 2001.

9. DGNB System, „Kriterienkatalog Gebäude Neubau: Version 2023," 2023. Zugriff am: 25. August 2023. [Online]. Verfügbar unter: https://www.dgnb.de/de/zertifizierung/gebaeude/neu bau/version-2023

10. Bundesministerium für Umwelt, Naturschutz, nukleare Sicherheit und Verbraucherschutz (BMUV), Gesetz zur Förderung der Kreislaufwirtschaft und Sicherung der umweltverträgli-chen Bewirtschaftung von Abfällen (Kreislaufwirtschaftsgesetz – KrWG), Stand 2020. Zugriff am: 30. Juni 2023. [Online]. Verfügbar unter: https://www.bmuv.de/fileadmin/Daten_BMU/ Download_PDF/Gesetze/novelle_krwg_bf.pdf

11. W. Albrecht und C. Schwitalla, Rückbau, Recycling und Verwertung von WDVS: Möglichkei-ten der Wiederverwertung von Bestandteilen des WDVS nach dessen Rückbau durch Zuführung in den Produktionskreislauf der Dämmstoffe bzw. Downcycling in die Produktion minderwer-tiger Güter bis hin zur energetischen Verwertung (Forschungsinitiative ZukunftBau F 2932). Stuttgart: Fraunhofer IRB Verlag, 2015.

12. W. Albrecht, A. Holm, C. Karrer, C. Sprengard und S. Treml, „Technologien und Techni-ken zur Verbesserung der Energieeffizienz von Gebäuden durch Wärmedämmstoffe: Metastudie Wärmedämmstoffe – Produkte – Anwendungen – Innovationen," Zugriff am: 6. August 2023. [Online]. Verfügbar unter: https://fiw-muenchen.de/media/publikationen/pdf/2023-04-03_Upd ate_Metastudie.pdf

13. Musterbauordnung: MBO, Fassung 2002 zuletzt geändert durch Beschluss der Bauministerkon-ferenz von 2022. Zugriff am: 30. Juni 2023. [Online]. Verfügbar unter: https://www.is-argebau. de/verzeichnis.aspx?id=991&o=759O986O991

14. Muster-Verwaltungsvorschrift Technische Baubestimmungen: MVV TB, 2023 mit Druckfehler-bereinigung. Zugriff am: 30. Juni 2023. [Online]. Verfügbar unter: https://www.dibt.de/de/wir-bieten/technische-baubestimmungen

15. DIN4102-1:1998–05 Brandverhalten von Baustoffen und Bauteilen: Teil 1: Baustoffe, DIN.

16. DIN EN 13501-1:2019–05 Klassifizierung von Bauprodukten und Bauarten zu ihrem Brandver-halten: Teil 1: Baustoffe Begriffe, Anforderungen und Prüfungen, DIN.

17. DIN 4102–02:1977–09 Brandverhalten von Baustoffen und Bauteilen: Bauteile Begriffe, Anfor-derungen und Prüfungen, DIN.

18. Bayrische Bauordnung: BayBO, in der Fassung der Bekanntmachung von 2007. Zugriff am: 20. Juli 2023. [Online]. Verfügbar unter: https://www.gesetze-bayern.de/Content/Document/ BayBO

19. DIN EN 16733:2016–07: Prüfung zum Brandverhalten von Bauprodukten – Bestimmung der Neigung eines Bauprodukts zum kontinuierlichen Schwelen, DIN.

20. Fachagentur Nachwachsende Rohstoffe e. V. (FNR), „Marktübersicht: Dämmstoffe aus nach-wachsenden Rohstoffen," Zugriff am: 17. Juli 2023. [Online]. Verfügbar unter: https://www.fnr. de/fileadmin/allgemein/pdf/broschueren/brosch_daemmstoffe_2020_web_stand_1909_22.pdf

Methodik

3

3.1 Potenzialanalyse

In der nachfolgenden Potenzialanalyse wird eine genauere Betrachtung von nawaRo-Dämmstoffen durchgeführt. Es wird ein exemplarischer Überblick von nawaRo-Dämmstoffen gegeben, die als Bauprodukte auf dem Markt verfügbar sind. Die Bauprodukte werden mithilfe der Broschüre „Marktübersicht – Dämmstoffe aus nachwachsenden Rohstoffen" der FNR [1] ausgewählt. Dabei werden ausschließlich Dämmstoffe betrachtet, die als Außenwanddämmung geeignet sind. Dämmstoffe, die lediglich im Bereich der Innenwand oder des Dachs angewendet werden können, werden von Beginn an ausgeschlossen. Ebenso wird bei der Auswahl der Dämmstoffe darauf geachtet, dass diese auf einer mineralischen Außenwand aus Beton oder Mauerwerk angebracht werden können, damit die generelle Anwendbarkeit auf dem Projekt in Veitshöchheim gegeben ist. Die Informationen zu den ausgewählten Bauprodukten werden auf den Internetseiten der Hersteller herausgesucht. Ihre Eigenschaften werden den technischen Datenblättern sowie Zulassungen entnommen. Die Dokumente des Produkts „Flachsfloc" sind nicht auf der Homepage zugänglich. Diese wurden auf Anfrage zugesendet. Aus den gesammelten Informationen wird eine Matrix erstellt, die die ausgewählten Dämmstoffe mit ihren Eigenschaften zur Art der Dämmung und des Rohstoffs, der Baustoffklasse, der Wärmeleitfähigkeit und den Zusatzstoffen im Bauprodukt gegenüberstellt.

Darauf aufbauend werden Kriterien festgelegt, die zur Bewertung der ausgewählten Dämmstoffe dienen sollen, um eine Auswahl für den Vergleich im Kap. 5 zu treffen. Die Kriterien werden durch die Anforderungen des Bauprojekts definiert. Somit wird zunächst das Bauprojekt und dessen Eigenschaften vorgestellt. Die Kriterien aus dem Bauprojekt ergeben sich vor allem durch die Gebäudeklasse. Zudem werden weitere Anforderungen aus dem Brandschutzgutachten aufgeführt. Dadurch werden die Kriterien Brandverhalten

T. Bäuerlein, *Natürliche Dämmstoffe als Nachhaltigkeitsfaktor*, Entwicklung neuer Ansätze zum nachhaltigen Planen und Bauen, https://doi.org/10.1007/978-3-658-44888-2_3

und Verbauart ausgewählt. Zur weiteren Eingrenzung wird der Materialpreis des Dämmstoffs herangezogen. Dieser wird zum einen aus öffentlich zugänglichen Baupreislisten
der Hersteller erhoben. Zum anderen stellen die Hersteller teilweise die Baupreislisten
auf Anfrage zur Verfügung oder nennen einen Listenpreis für das angefragte Bauprodukt. Die Materialpreise sind alle in den Anhängen zu finden. Nach der Auswahl der
Kriterien wird bewertet, ob die Dämmstoffe diese Kriterien erfüllen. Dabei wird auf die
Anwendbarkeit im Projekt geachtet und auf eine gute Vergleichbarkeit zwischen dem
nawaRo-Dämmstoff und dem EPS-Dämmstoff des Projekts. Am Ende der Potenzialanalyse wird ein nawaRo-Dämmstoff ausgewählt, der für den Vergleich der technischen und
wirtschaftlichen Analyse im Kap. 5 verwendet wird.

3.2 Technische und wirtschaftliche Analyse

Die technische und wirtschaftliche Analyse ist in zwei Teile gegliedert. Zunächst erfolgt
die Analyse des EPS-Dämmstoffs, der im Projekt in Veitshöchheim verwendet werden
soll. Der Aufbau des zugehörigen Wärmedämm-Verbundsystems sowie die Verarbeitung des Dämmstoffs werden erläutert. Für die Entscheidung, welches WDVS verwendet
wird, wird das Leistungsverzeichnis herangezogen. Auf Basis der darin ausgeschriebenen
Bauprodukte wird das WDVS StoTherm Vario in der Analyse betrachtet. Der Aufbau
des Systems wird der bauaufsichtlichen Zulassung Z-33.43-61 sowie den Technischen
Datenblättern der einzelnen Komponenten entnommen. Anschließend wird auf das Brandverhalten des Dämmstoffs und des Systems eingegangen. Dieses wird ebenfalls anhand
der Zulassung und der Europäischen Technischen Bewertung ETA-05/0130 beschrieben.
Die Rück- und Recyclingbaufähigkeit des WDVS wird in Rücksprache mit dem Systemhersteller Sto bewertet (Anhang 0.24). Alle Informationen, die vom Hersteller Sto
gegeben wurden, entsprechen keinem autorisiertem Dokument bzw. offiziellem Statement
der Firma Sto.

Die Materialkosten, die für die wirtschaftliche Analyse notwendigerweise bekannt
sein müssen, werden durch den Systemhersteller Sto bereitgestellt. Durch Zusendung
des Leistungsverzeichnisses sind die Produkte mit den entsprechenden Listenpreisen und
Verbrauchsmengen versehen. Für die Berechnung der Lohnkosten werden sowohl die
Aufwandswerte als auch der Stundenlohn mithilfe von Kalkulationswerten der Bauunternehmung Glöckle SF-Bau GmbH angesetzt. Die Instandhaltungskosten werden im
gleichen Maße ermittelt.

Die Lebensdauer der Wohngebäude wird mit 50 Jahren, gemäß DGNB [2], angenommen. Die Betriebskosten werden auf Basis der Transmissionswärmeverluste bestimmt.
Dafür wird der Wärmestrom in W/K über den U-Wert und die Außenwandfläche berechnet und diese mit der regionalen Gradtagzahl multipliziert. Diese Vorgehensweise ist aus
[3] herausgenommen und wird im entsprechenden Kapitel genauer erläutert. Die Gradtagzahl wird über einen frei zugänglichen Rechner des Instituts Wohnen und Umwelt

(IWU) ermittelt. Die Berechnung dazu ist im Anhang 0.18 zu finden. Die angenommenen Heizkosten werden aus dem Dienstleistungsvertrag mit dem Wärmelieferanten bezogen.

Für die Rückbaukosten wird von dem in der Analyse beschriebenen Rückbau ausgegangen. Es werden Aufwandswerte für den Rückbau von WDVS inkl. Putz in firmeninterner Absprache bestimmt. Die Kosten für die Entsorgung stammen von dem Entsorgungsunternehmen. Dafür sind die WDVS-Komponenten einem Abfallschlüssel gemäß der Abfallverzeichnis-Verordnung (AVV) zugeordnet.

Im zweiten Teil der Analyse werden dieselben Parameter nochmals betrachtet. Nun wird dieselbe Analyse für eine fiktive Anwendung des im Abschn. 4.3 ausgewählten nawaRo-Dämmstoffs durchgeführt. Der ausgewählte Dämmstoff beläuft sich auf eine Holzfaserdämmplatte, wie nachfolgend in der Potenzialanalyse im Abschn. 4.3 dargestellt und erläutert wird. Der Hersteller der Holzfaserdämmplatte möchte nicht namentlich in dieser Arbeit genannt werden. Dadurch wird allgemein von einer Holzfaserdämmplatte bzw. von einem Holzfaser-WDVS gesprochen. Es handelt sich jedoch um ein konkretes zugelassenes Gesamtsystem des Herstellers. Der Aufbau des Holzfaser-Wärmedämm-Verbundsystems wird seiner Zulassung sowie der Verarbeitungsrichtlinie des Herstellers entnommen. Da es in den beiden Dokumenten Unterschiede in der Verklebung der WDVS-Dämmplatten gibt, wird sich nach Rücksprache mit dem Hersteller auf die Verarbeitungsrichtlinie bezogen (Anhang 0.26). Das Brandverhalten des Systems wird wie zuvor auch der Zulassung sowie der Europäischen Technischen Bewertung entnommen. Die Rückbau- und Recyclingfähigkeit wird durch Rücksprache mit dem Holzfaserdämmplatten-Hersteller bewertet.

Die Materialkosten werden aus der Baupreisliste für das ausgewählte WDVS des Herstellers bezogen. Diese wurde auf Anfrage zugesendet, da die Baupreisliste nicht frei zugänglich ist. Die Aufwandswerte und der Stundenlohn für die Lohnkosten werden identisch wie zuvor über Kalkulationsansätze der Bauunternehmung Glöckle SF-Bau GmbH herangezogen. Es werden jedoch geringfügige Anpassungen aufgrund von unterschiedlichen Anbringungsverfahren der EPS- und Holzfaserdämmplatte vorgenommen. Diese sind mit der firmeninternen Kalkulationsabteilung abgestimmt und sind im Anhang 0.19 zu finden. Die restlichen wirtschaftlichen Berechnungen werden identisch wie im vergleichbaren Kapitel zuvor durchgeführt. Alle Berechnungen der Wärmedämm-Verbundsysteme sind im Anhang 0.20 bis Anhang 0.22 zu finden.

3.3 Nutzwertanalyse

Bewertet werden die Dämmstoffe im Kap. 6 mithilfe einer Nutzwertanalyse. In die Gewichtung der Analysekriterien fließen die technischen und wirtschaftlichen Aspekte zu je 50 % ein. Zum einen bauen die Kosten auf den technischen Eigenschaften der Dämmplatten auf, zum anderen wird dadurch die technische Anwendbarkeit der Dämmplatten im gleichen Maße wie die Wirtschaftlichkeit betrachtet. Daher ergibt sich die jeweils hälftige Gewichtung.

Im Abschn. 6.1 werden die Analysen miteinander verglichen. Die Grobgewichtung der Kriterien des technischen Bereichs, sowie die Feingewichtung der einzelnen Parameter sind in der Tab. 3.1 dargestellt. Dabei erhält der Brandschutz von den zur Verfügung stehenden 50 % den größten Anteil mit 25%. Die brandschutztechnischen Eigenschaften bestimmen die Einsatzmöglichkeit des Dämmstoffes maßgeblich, weshalb diesem Aspekt die größte Gewichtung gegeben wird. Der Wärmeschutz erhält 15 % Gewichtung, da er für die Betriebskosten verantwortlich ist. Diese fallen umso höher aus, je schlechter der U-Wert eines Gebäudes ist. Daher hat der Wärmeschutz ebenfalls eine ausschlaggebende Bedeutung für die Anwendung eines Dämmstoffs. Die Verarbeitung sowie Rückbau- und Recyclingfähigkeit des Dämmstoffs erhalten den gleichen Gewichtungsanteil von je 5 %. Sie gehen beide ungefähr im gleichen Maße in die Herstell- bzw. Rückbaukosten ein. Die Feingewichtung der Parameter wird im Vergleich im Abschn. 6.1 nochmals erläutert.

Im Abschn. 6.2 ist die Nutzwertanalyse dargestellt. Darin sind die feingliedrigeren Bewertungskriterien der technischen Analyse sowie die Kriterien der wirtschaftlichen Analyse aufgeführt. Die wirtschaftliche Gewichtung bewertet die für das Projekt ermittelten Kosten. Hierbei wird keine singuläre Bewertung der Kosten vorgenommen, sondern die Kosten werden im gegenseitigen Vergleich betrachtet. Je nach Kostendifferenz wird eine größere oder geringere Differenz in der Gewichtung gewählt.

Die Gewichtung der wirtschaftlichen Aspekte sind in der Nutzwertanalyse aufgenommen. Die Instandhaltungs- und Rückbaukosten fallen betragsmäßig am geringsten aus, weshalb ihnen auch eine geringe Gewichtung von je 5 % zukommt. Die Betriebskosten sind über den Lebenszyklus betrachtet am kostenintensivsten, weshalb ihnen die höchste

Tab. 3.1 Gewichtung der technischen Aspekte gemäß den Unterkapiteln

Kapitel	Analysekriterien	Grobgewichtung	Parameter in der NWA	Feingewichtung
5.1.1 und 5.2.1	Verarbeitung / Handling der Dämmstoffplatte	5 %	○ Gewicht pro Platte ○ Verarbeitung	2 % 3 %
5.1.2 und 5.2.2	Dämmwert und Wärmeschutz	15 %	○ Wärmeleitfähigkeit ○ U-Wert	5 % 4 %
5.1.3 und 5.2.3	Brandschutz	25 %	○ Euroklasse Dämmstoff ○ Euroklasse WDVS ○ Schwerentflammbare Anwendung	7,5 % 7,5 % 10 %
5.1.4 und 5.2.4	Rückbau- und Recyclingfähigkeit	5 %	○ Recyclingfähigkeit	5 %

Tab. 3.2 Bewertungsskala der Nutzwertanalyse

1	2	3	4	5	6	7
sehr schlecht	schlecht	eher schlecht	neutral	eher gut	gut	sehr gut

Gewichtung von 25 % zugeteilt wird. Die Herstellkosten sind entscheidend in der Errichtungsphase und stellen einen großen Anteil der Lebenszykluskosten dar, weshalb sie mit 15 % gewichtet werden.

Die Bewertung der Kriterien erfolgt nach der Skala der Tabelle. 3.2 mit der Zuordnung von 1 „sehr schlecht" bis 7 „sehr gut". Die Bewertung wird im Vergleich der Analysekriterien im Abschn. 6.1 durchgeführt.

Literatur

1. Fachagentur Nachwachsende Rohstoffe e. V. (FNR), „Marktübersicht: Dämmstoffe aus nachwachsenden Rohstoffen," Zugriff am: 17. Juli 2023. [Online]. Verfügbar unter: https://www.fnr.de/fileadmin/allgemein/pdf/broschueren/brosch_daemmstoffe_2020_web_stand_1909_22.pdf
2. DGNB System, „Kriterienkatalog Gebäude Neubau: Version 2023," 2023. Zugriff am: 25. August 2023. [Online]. Verfügbar unter: https://www.dgnb.de/de/zertifizierung/gebaeude/neubau/version-2023
3. A. Holm, C. Mayer und C. Sprengard, „Wirtschaftlichkeit von wärmedämmenden Maßnahmen," Zugriff am: 18. August 2023. [Online]. Verfügbar unter: https://www.kea-bw.de/fileadmin/user_upload/Kommunaler_Klimaschutz/Wissensportal/Bauen_und_Sanieren/FIW_GDI_wirtschaftlichkeit_daemmung_gdi_studie_2015_online.pdf

4.1   Marktübersicht von nawaRo-Dämmstoffen

Dämmstoffe aus nachwachsenden Rohstoffen sind bereits durch viele verschiedene Bauprodukte auf dem Markt vertreten. Die FNR gibt dafür in [1] eine Übersicht aus einigen im Handel verfügbaren natürlichen Dämmstoffen. Nachfolgend ist eine Auswahl an nawaRo-Dämmstoffen in Tab. 4.1 zu finden. Grundlage für die aufgeführten Dämmstoffe bildet die Marktübersicht der FNR [1]. Dabei sind lediglich Produkte ausgewählt worden, die auf einem mineralischen Untergrund als Außenwanddämmung anwendbar sind, damit die generelle Einsatzfähigkeit im Bauprojekt in Veitshöchheim gegeben ist. In der Tab. 4.1 sind die Bauprodukte mit ihrem Hauptrohstoff sowie die Hersteller der Produkte genannt. Es werden einige Eigenschaften, die die Produkte gemäß ihren technischen Datenblättern und Zulassungen aufweisen, aufgeführt, wie die Verbauart (WDVS, hinterlüftete Fassade, etc.), die Rohdichte ρ und der Nennwert der Wärmeleitfähigkeit λ_D. Des Weiteren ist das Brandverhalten durch die Euroklasse aufgeführt, sowie – falls angegeben – die nationale Baustoffklasse. Zuletzt ist der Nachweis für die erlaubte Verwendung des Bauprodukts durch eine Zulassung oder ein CE-Kennzeichen angegeben.

T. Bäuerlein, *Natürliche Dämmstoffe als Nachhaltigkeitsfaktor*, Entwicklung neuer Ansätze zum nachhaltigen Planen und Bauen, https://doi.org/10.1007/978-3-658-44888-2_4

Tab. 4.1 Bauprodukte der nawaRo-Dämmstoffe

Rohstoff / Produkt	Hersteller	Verbauart	ρ in kg/m³	λ_D in W/mK	Euroklasse nach DIN EN 13.501–1	allg. bauaufsichtliche Zulassung	Quelle
Flachs Flachsfloc	Naturfaser Fölser NFF Naturbaustoffe	Einblasdämmung für Außenwandhohlräume	50	0,041	E	CE-Kennzeichen: ETA-12/0037	[2, 3]
Hanf Capatect Hanf Wall Fassadendämmplatte	Capatect Baustoffindustrie GmbH	Fassadendämmplatte im WDVS	100	0,042	E* *Brandverhalten im System: B-s1, d0, erzeugt keine Schmelzmasse	geprüft gem. EAD 040.083-00-0404	[4, 5]
Hanf Hanfstein	IsoHemp S.A	Hanfstein, aufgemörtelt und verputzt	340	0,071	B-s1, d0	Keine Angabe erhalten	[6]
Holzfaser	Ausgewählter Holzfaserdämmplatten-Hersteller	verputzbare Holzfaser-Dämmplatte im WDVS	140	0,040	E bzw. B-s1, d0 im Putzsystem B2	ETA aBG Z vorhanden	[7, 8]
Holzfaser GUTEX Multitherm	GUTEX Holzfaserplattenwerk H. Henselmann GmbH & Co. KG	Holzfaserdämmplatte für hinterlüftete Fassaden	140	0,040	E B2	CE-Kennzeichnung mit Leistungserklärung Nr. GX-01-0025-04	[9, 10]
Holzfaser STEICO protect L dry	STEICO SE	putzbeschichtbare Holzfaser-Dämmplatte im WDVS	110	0,037	E B2	aBZ Z-33.43–1582 für WDVS „STEICO secure Mineral"	[11, 12]

(Fortsetzung)

Tab. 4.1 (Fortsetzung)

Rohstoff / Produkt	Hersteller	Verbauart	ρ in kg/m^3	λ_D in W/mK	Euroklasse nach DIN EN 13.501–1	allg. bauaufsichtliche Zulassung	Quelle
Schafwolle Isolena Optimal	Isolena Naturfaservliese GmbH	Dämmmatte in einer hinterlüfteten Fassade	18	0,043	D-s2,do	ETA-07/0214	[13, 14]
Schilf Hiss Reet Platte	HISS REET GmbH	Wärmedämmplatte im WDVS	155	0,055	E B2	Z-23:11–2092 Anmerkung abZ ist 04/2023 abgelaufen	[15, 16]

Bei der Betrachtung der auf dem Markt verfügbaren Bauprodukte ist aufgefallen, dass es eine Vielzahl von Bauprodukten und Herstellern im Bereich der Holzfaserdämmung gibt. Die Hersteller für Schafwolle begrenzen sich auf einige wenige, die vor allem in Österreich vertreten sind. Ebenso beläuft es sich mit Schilf und Flachs. Dabei ist die Auswahl von Bauprodukten im Anwendungsbereich der Außenwanddämmung deutlich beschränkter als im Bereich der Innenwanddämmung. Für die Außenwanddämmung bestehen die Umsetzungsmöglichkeiten eines Wärmedämm-Verbundsystems mit einer Dämmplatte, sowie eine hinterlüfteten Fassade mit Dämmmatte, Dämmplatte oder Einblasdämmung. Zudem können auch Steine als Dämmebene vor der Außenwand aufgemauert werden, wie im Falle der Hanfsteine. Je nach Produktart variiert die Rohdichte demnach stark. Die Dämmplatten bewegen sich im Bereich von 100 bis 155 kg/m3. Die Dämmmatte aus Schafwolle sowie die Einblasdämmung aus Flachs weisen eine deutlich geringere Dichte von 18 kg/3 bzw. 50 kg/m3 auf. Die Hanfsteine zeigen eine Rohdichte von 340 kg/m3, wie der obigen Tabelle zu entnehmen ist.

Die Wärmeleitfähigkeit der nawaRo-Dämmstoffe beläuft sich gemäß Tab. 4.1 durchschnittlich auf 0,040 bis 0,045 W/mK. Die angegebene Wärmeleitfähigkeit der Produkte bezieht sich auf den Nennwert der Wärmeleitfähigkeit λ_D. Am geringsten fällt die Wärmeleitfähigkeit der Holzfaserdämmplatte von STEICO mit 0,037 W/mK aus. Schilf und die Hanfsteine zeigen deutlich höhere Werte. λ_D. Am geringsten fällt die Wärmeleitfähigkeit der Holzfaserdämmplatte von STEICO mit 0,037 W/mK aus. Schilf und die Hanfsteine zeigen deutlich höhere Werte.

Das Brandverhalten bzw. die Einordnung in die Baustoffklassen erfolgt auf europäischer Ebene meist in die Klasse E, was der Zuordnung „normalentflammbar" entspricht. In der Tab. 4.1 weisen fast alle Dämmstoffe die Euroklasse E auf. Teilweise zeigen die Bauprodukte höhere Einstufungen, wie etwa Schafwolle zur Klasse D-s2, d0. Wenn Dämmplatten im zugelassenen Wärmedämm-Verbundsystem verwendet werden, kann das gesamte WDVS ebenfalls eine höhere Einstufung erhalten, wie beispielsweise das Holzfaser-WDVS oder das WDVS mit der Capatect Hanf Platte mit der Euroklasse B-s1, d0. Jedoch ist bei keinem der genannten Produkte eine Zuordnung zur nationalen Baustoffklasse B1 „schwerentflammbar" in den technischen Datenblättern oder Zulassungen zu finden.

Des Weiteren wird festgestellt, dass viele Bauprodukte auf dem Markt, vor allem Holzfaserdämmstoffe, nur zur Anwendung auf einem Holzrahmenbau bauaufsichtlich zugelassen sind. Die oben aufgeführten Bauprodukte sind alle auf mineralischen Untergründen wie Mauerwerk oder Beton anwendbar.

Aus den oben aufgeführten Bauprodukten wird die Auswahl für den natürlichen Dämmstoff, der im Vergleich angewendet wird, getroffen. Zunächst werden dafür die projektspezifischen Kriterien definiert.

4.2 Das Beispielprojekt „Seniorenwohnen Veitshöchheim" und dessen Anforderungen

Der Vergleich des natürlichen und synthetischen Dämmstoffs wird an dem Projekt „Neubau Wohnanlage mit Wohnungen und einer ambulant betreuten Wohngemeinschaft Veitshöchheim" der Bauunternehmung Glöckle SF-Bau GmbH durchgeführt. Kurz wird das Bauvorhaben „Seniorenwohnen Veitshöchheim" genannt. Das Projekt teilt sich in zwei Häuser auf. Die Häuser haben jeweils 3 Vollgeschosse und sind nicht unterkellert. Im Erdgeschoss im Haus 1 wird eine ambulant betreute Wohngemeinschaft eingerichtet. Die Obergeschosse dienen der Wohnnutzung, ebenso wie das gesamte Haus 2, wie der Bau- und Leistungsbeschreibung im Anhang 0.1 zu entnehmen ist. In der nachfolgenden Abb. 4.1 ist das Projekt als 3D-Modell dargestellt. Rechts ist das Haus 1 zu sehen mit der ambulant betreuten Wohngemeinschaft, links wird das Haus 2 abgebildet.

Die beiden Gebäude werden gemäß der Baugenehmigung und der BayBO der Gebäudeklasse 3 zugeordnet. Für die Bestimmung der Gebäudeklasse ist die Höhe des Gebäudes gemäß § 2 Abs. 3 BayBO nötig. In die Gebäudeklasse 3 fallen alle Gebäude, die eine geringere Gebäudehöhe als sieben Meter aufweisen, wie es auch im Kap. 2.2 beschrieben wurde. Die beiden Gebäude in Veitshöchheim zeigen eine Höhe von 5,72 m (siehe Anhang 0.5). Die Baugenehmigung beschreibt des Weiteren, dass es sich bei dem Projekt um einen ungeregelten Sonderbau nach § 2 Abs. 4 Nr. 11 BayBO handelt (siehe Anhang 0.2). Der Sonderbau wird dadurch kategorisiert, dass die Nutzung der Gebäude zu „sonstige[n] Einrichtungen zur Unterbringung von Personen sowie Wohnheime" [17] zugeordnet wird. Diese Sonderbaueinstufung findet in der bayrischen Baubestimmung keine spezifischen

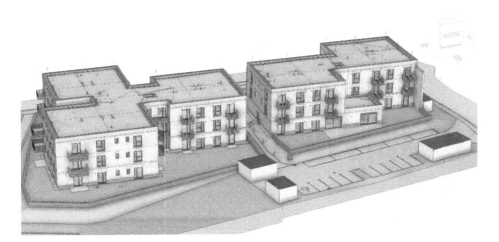

Abb. 4.1 Bauvorhaben „Seniorenwohnen Veitshöchheim", Haus 1 rechts, Haus 2 links, internes BIM-Modell

Anforderungen in weiteren Regelwerken. Es zählt somit zu einem ungeregelten Sonderbau, da keine Sonderbaurichtlinien für diese Sonderbaueinstufung vorliegen. Deshalb wird der deklarierte Sonderbau nicht von einem üblichen Wohngebäude unterschieden. Der Sachlage nach werden die Gebäude zudem gemäß Brandschutzgutachten als Regelbau für Wohngebäude beurteilt (siehe Anhang 0.4).

Die Gebäudeklasse 3 stellt, wie im Kap. 2.2.1 erläutert, die Anforderung, dass die Dämmstoffe der Außenwand normalentflammbar sein müssen, was den Ansprüchen der Baustoffklasse B2 bzw. Euroklassen D und E entspricht. Diese Anforderung müssen die Bauprodukte einhalten. Zudem müssen die tragenden und aussteifenden Wände der Gebäudeklasse 3 die Feuerwiderstandskasse F30 aufweisen. Dieses Kriterium ist erfüllt, da die Wände der Häuser aus Stahlbeton und Mauerwerk gebaut werden und damit die Feuerwiderstandsklasse F90 (feuerbeständig) aufweisen, ungeachtet der Wärmedämmung (siehe Brandschutzgutachten Anhang 0.4).

Es gibt zudem Bereiche im Gebäude, in denen nur nichtbrennbare Dämmstoffe eingesetzt werden dürfen. Dazu zählen die Treppenräume sowie die Brandriegel. In den nachfolgenden Abb. 4.2 und 4.3 sind die Treppenräume rosa und die Brandriegel gelb eingefärbt. Die Anforderung an nichtbrennbare Dämmstoffe im Treppenraum ergibt sich aus Art. 33 der BayBO [17] und ist im Brandschutzgutachten ebenfalls nochmals aufgeführt (siehe Anhang 0.4). Die Dämmung, die lediglich die Anforderung normalentflammbar gemäß der Gebäudeklasse 3 einhalten muss, ist in den Abbildungen blau hervorgehoben. Der orangefarbene Bereich entspricht der Sockeldämmung, welcher besondere Eigenschaften aufweisen muss. Die Sockeldämmung muss für den Perimeterbereich bauaufsichtlich zugelassen sein (siehe Anhang 0.3).

Zusammenfassend weist das Bauprojekt folgende bauphysikalische und regulatorische Anforderungen auf:

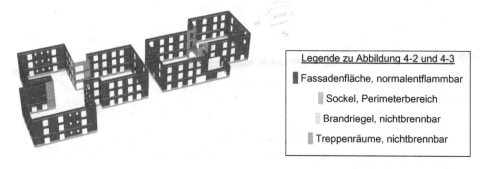

Legende zu Abbildung 4-2 und 4-3
Fassadenfläche, normalentflammbar
Sockel, Perimeterbereich
Brandriegel, nichtbrennbar
Treppenräume, nichtbrennbar

Abb. 4.2 Wärmedämmung mit verschiedenen Brandschutzanforderungen, internes BIM-Modell

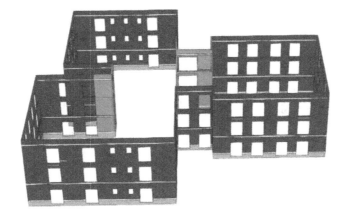

Abb. 4.3 Vergrößerte Darstellung Haus 2, internes BIM-Modell

Brandschutzanforderungen gemäß Gebäudeklasse 3 (siehe Anhang 0.1)

- Wände mit Feuerwiderstandsklasse F30 – erfüllt durch die Massivbauweise
- Dämmstoffe normalentflammbar
- Dämmstoffe im Bereich der notwendigen Treppenräume: nichtbrennbar gemäß Art. 33 Abs. 5 Nr. 1 BayBO und Brandschutzgutachten

Eigenschaften des ausgeschriebenen Dämmstoffs EPS (siehe Anhang 0.3)

- Verbauart im WDVS mit Brandriegeln
- Dicke der Wärmedämmplatte 140 mm
- Wärmeleitfähigkeit des EPS-Dämmstoffs $\lambda_D = 0,035$ W/mK

4.3 Auswahl des nawaRo-Dämmstoffs für die Analyse

Anhand dieser Vorgaben wird ein nawaRo-Dämmstoff aus den im Kapitel 4.1 aufgelisteten Bauprodukten für die anschließende Analyse ausgewählt. Die Bauprodukte sind in der Tab. 4.2 nochmals mit den Kriterien zur Auswahl dargestellt. Die Kriterien belaufen sich auf die Brandschutzklasse (BS), die Wärmeleitfähigkeit, Verbauart, Bestandteile der Dämmung und Materialkosten. Die Dämmstoffe müssen für den Einsatz in der Gebäudeklasse 3 mindestens den Anspruch normalentflammbar erfüllen, also mindestens die europäische Baustoffklasse E aufweisen. Dies wird in der Tabelle mit „BS mind. E" abgekürzt.

Tab. 4.2 Kriterien der nawaRo-Dämmstoffe für die Auswahl des Vergleichsdämmstoffs

Bauprodukt	BS min. E	λ_D in W/mK	Verbauart	Bestandteile	Dicke des DS	Materialkosten in €/m² brutto	Anhang
Flachsfloc	✓	0,041	Einblasdämmung für Außenwandhohlräume (hinterlüftete Fassade)	lose, ungebundene Flachsfasern	je nach Fassadenaufbau	Auf Anfrage	[2], Anhang 0.10
Capatect Hanf Wall	✓	0,042	WDVS	86 % Hanfstroh 13 % Biopolyesterfasern 1 % AmmoniumSalz (Brandschutzmittel)	14 cm	Keine Angaben vorhanden	[5]
Hanfstein	✓	0,071	Hanfstein, vermörtelt; Putz- oder Vorhangfassade möglich	Keine genauen Angaben vorhanden	15 cm	60,05 €	[6], Anhang 0.11
Ausgewählte Holzfaser-dämmplatte	✓	0,040	Wärmedämmverbund-system	Holzfasern, PMDI (Bindemittel), Paraffin	14 cm	29,25 €	[8], Anhang 0.12
GUTEX Multitherm	✓	0,040	hinterlüftete Fassade	unbehandeltes Tannen- und Fichtenholz, 4 % PUR-Harz 1 % Paraffin	14 cm	31,22 €	[10], Anhang 0.13

(Fortsetzung)

Tab. 4.2 (Fortsetzung)

Bauprodukt	BS min. E	λ_D in W/mK	Verbauart	Bestandteile	Dicke des DS	Materialkosten in €/m² brutto	Anhang
STEICO protect L dry	✓	0,037	WDVS System STEICO secure Mineral	86 % Nadelholz aus regionaler nachhaltiger Forstwirtschaft 5 % Wasser 5 % Klebestoffe (PUR-Harz) 4 % Hydrophobierungsmittel (Paraffin)	14 cm	40,43 €	[12], Anhang 0.14
Isolena Optimal	✓	0,043	hinterlüftete Fassade	Schafwolle	14 cm	29,44 €	[14], Anhang 0.15
Hiss Reet Platte	✓	0,055	WDVS, verputzbar mit Lehm- oder Kalkputz	Schilfrohr, verzinkter Draht	12 cm	58,90 €	[16], Anhang 0.16

Für die Anwendbarkeit des nawaRo-Dämmstoffs im Projekt „Seniorenwohnen Veits-höchheim" müssen die oben genannten technischen Kriterien und Einsatzbereiche beach-tet werden. Durch die Brandschutzanforderungen können die nawaRo-Dämmstoffe nicht als Dämmung an den Treppenhäusern und den Brandriegeln eingesetzt werden. Auch im Sockelbereich kann keiner der oben genannten Dämmstoffe verwendet werden, da die Zulassung für den Perimeterbereich fehlt. Für den restlichen Dämmbereich sind alle aufgezeigten Produkte im Projekt anwendbar. Sie weisen alle mindestens die Brand-schutzanforderung der Baustoffklasse E (normalentflammbar) auf und können somit in der Gebäudeklasse 3 verwendet werden. Sie sind zudem für die Verwendung auf Mauerwerk und Beton bauaufsichtlich zugelassen. Dies ist nötig, um im Bauprojekt in Veitshöch-heim eingesetzt werden zu können, da – wie bereits erwähnt – die Außenwände in Massivbauweise errichtet werden.

Das nächste entscheidende Kriterium stellt die Verbauart dar. Im beschriebenen Projekt wird ein Wärmedämm-Verbundsystem mit einer Dämmstoffplatte von 14 cm angewendet. Um die bestmögliche Vergleichbarkeit zwischen dem nawaRo-Dämmstoff und dem ange-wendeten synthetischen Dämmstoff zu gewährleisten, wird für den Vergleich ebenfalls eine Dämmplatte verwendet, die im WDVS anwendbar ist. Wie bereits im Kap. 2.2.2 erwähnt, wäre regulatorisch der Verbau einer hinterlüfteten Fassade möglich, jedoch ist eine Vergleichbarkeit zwischen dem ausgeschriebenen WDVS und einer hinterlüfte-ten Fassade für die nachfolgende Analyse nur schwer gegeben. Dafür müsste ein neuer Außenwandaufbau der hinterlüfteten Fassade simuliert werden, welcher die Materialkos-ten und U-Werte nur bedingt vergleichen lässt. Der Fokus würde sich vom Vergleich der Dämmstoffe zu einem Vergleich der Fassadenarten verschieben. Deshalb wird für den Vergleich ein Dämmstoff ausgewählt, der im WDVS anwendbar ist. Dadurch werden automatisch die Produkte Flachsfloc, Hanfstein, GUTEX multitherm und Isolena Optimal für den Vergleich ausgeschlossen, auch wenn diese ebenfalls hohes Potenzial für eine Verwendung als Außenwanddämmung aufzeigen. Vor allem das Produkt Isolena Opti-mal zeigt großes Potenzial durch einen niedrigen Materialpreis sowie eine vollständige Homogenität des Bauprodukts. Jedoch wird dies aufgrund der fehlenden Anwendbarkeit im WDVS nicht weiterverfolgt.

Um im Bereich der Wirtschaftlichkeit eine Auswahl treffen zu können, werden die Bauprodukte in der Dämmstärke 14,0 cm ausgewählt und deren Materialkosten betrachtet. Die Materialkosten sind großteils aus Baupreislisten entnommen. Dabei ist zu beachten, dass die Preise nicht projektspezifisch kalkuliert sind, sondern den Listenpreisen ent-sprechen. Dadurch ist die Vergleichbarkeit untereinander gegeben. Die Hiss Reet Platte wird aufgrund ihrer hohen Materialkosten ebenfalls nicht im Vergleich angewendet. Das Produkt zeigt, im Vergleich zu den kostengünstigeren Produkten aus Holzfasern und Schafwolle, einen fast doppelt so hohen Materialpreis. Da für das Bauprodukt Capatect Hanf Wall vom Hersteller Capatect keine Auskunft zum Listenpreis gegeben wurde, wird dieses Produkt ebenfalls nicht in der nachfolgenden Analyse angewendet.

Nach den getroffenen Ausschlusskriterien stehen sich die zwei Holzfaserdämmplatten in der Tab. 4.3 gegenüber.

Tab. 4.3 Engere Auswahl des potenziellen Vergleichsdämmstoff

Bauprodukt	λ_D in W/mK	Bestandteile	Materialkosten
Ausgewählte Holzfaserdämmplatte	0,040	Holzfasern, PMDI (Bindemittel), Paraffin	29,25 €/m^2
STEICOprotect L dry	0,037	86 % Nadelholz aus regionaler nachhaltiger Forstwirtschaft 5 % Wasser 5 % Klebestoffe (PUR-Harz) 4 % Hydrophobierungsmittel (Paraffin)	40,43 €/m^2

Die beiden Holzfaserdämmungen weisen unterschiedliche Vorteile auf. Die obere Holzfaserdämmplatte zeigt einen geringeren Materialpreis, jedoch eine höhere Wärmeleitfähigkeit. Die beiden Produkte werden beide im Trockenverfahren hergestellt, wodurch die Bestandteile recht ähnlich sind. Zu der genauen Zusammensetzung der ausgewählten Holzfaserdämmplatte konnten keine Informationen erlangt werden, jedoch wird davon ausgegangen, dass sich die Zusammensetzung der des Produkts von STEICO aufgrund des gleichen Herstellungsverfahrens ähneln. Aufgrund der nicht feststellbaren Unterscheidung und der Ähnlichkeit der beiden Produkte wird das kostengünstigere Produkt für den anschließenden Vergleich gewählt.

Literatur

1. Fachagentur Nachwachsende Rohstoffe e. V. (FNR), „Marktübersicht: Dämmstoffe aus nachwachsenden Rohstoffen," Zugriff am: 17. Juli 2023. [Online]. Verfügbar unter: www.fnr.de/fileadmin/allgemein/pdf/broschueren/brosch_daemmstoffe_2020_web_stand_1909_22.pdf
2. „Leistungserklärung Flachsfloc: Anmerkung: online nicht verfügbar, vom Hersteller zugeschickt,"
3. Österreichisches Institut für Bautechnik, „Europäische Technische Bewertung ETA-12/00337 – Flachsfloc: Anmerkung: online nicht verfügbar, vom Hersteller zugesendet,"
4. Synthesa Chemie Ges.m.b.H. „Leistungserklärung Capatect Hanf Wall Fassadendämmplatte." www.capatect.at/files//root/le/capatect_synthesa/de/LeistungserklaerungCapatectHanfWallFassadendaemmplatte.pdf (Zugriff am: 20. Juli 2023).
5. Synthesa Chemie Ges.m.b.H. „Technische Information: Capatect Hanf Wall Fassadendämmplatte." www.capatect.at/files/ti_gen/CapatectHanfWallFassadendaemmplatte_TI_449_SCREEN.pdf (Zugriff am: 20. Juli 2023).
6. Hanfingenieur Henrik Pauly. „Technische Merkmale Hanfsteine 15." www.isohemp.com/sites/default/files/fichiers/ish_produktblatt_de_hanfstein15_2023.pdf (Zugriff am: 4. August 2023).
7. DIBt – Deutsche Institut für Bautechnik, „Allgemeine Bauartgenehmigung Z-XXX XXX Wärmedämmverbundsystem," Zugriff am: 3. August 2023. [Online]. Verfügbar unter: www.XXX/de/service/downloads/download/allgemeine-bauartgenehmigung-wdvs-fur-mineralische-untergruende/

8. XXX. „Technisches Datenblatt XXX." www.XXX.com/de/service/downloads/download/techni
   sches-datenblatt-XXX/ (Zugriff am: 3. August 2023).
9. GUTEX Holzfaserplattenwerk H. „Leistungserklärung Nr. GX-01–0025–04 GUTEX Multitherm." https://holzfunktion.ch/media/83/9f/15/1622129181/hf-gutex-leistungserklaerung-
   multitherm.pdf (Zugriff am: 3. August 2023).
10. GUTEX Holzfaserplattenwerk H. „Technisches Datenblatt GUTEX Multitherm." https://shop.
    gutex.de/media/86/95/32/1674818457/1233_GUTEX_Multitherm-TechnischesDatenblatt_de.
    pdf (Zugriff am: 3. August 2023).
11. DIBt – Deutsche Institut für Bautechnik. „Allgemeine bauaufsichtliche Zulassung / allgemeine
    Bauartgenehmigung Z-33.43–1582 „STEICOsecure Mineral"." https://www.steico.com/filead
    min/user_upload/importer/downloads/4028b6097384810e0174971a1c331397/Allgemeine_b
    auaufsichtliche_Zulassung__AbZ__STEICOsecure_mineral.pdf (Zugriff am: 3. August 2023).
12. STEICO. „Produktblatt STEICO Putzträgerplatten für WDVS." www.steico.com/fileadmin/
    user_upload/importer/downloads/produktinformationen_wdvs_putztrgerplatten/STEICO_
    WDVS_Holzbau_Produktblatt_Putztraegerplatten_i.pdf.pdf (Zugriff am: 28. Juli 2023).
13. Österreichisches Institut für Bautechnik. „Europäische Technische Bewertung ETA-07/0214
    Isolena Optimal." www.isolena.com/media/ISOLENA/Downloads/eta-07-0214-de.pdf (Zugriff
    am: 3. August 2023).
14. Isolena Naturfaservliese GmbH. „Produktdatenblatt Isolena Optimal." www.akustik-raumkl
    ima.de/media/48/59/5d/1673338237/IW%20Produktdatenblatt%20OPTIMAL.pdf (Zugriff am:
    3. August 2023).
15. DIBt – Deutsche Institut für Bautechnik. „Allgemein bauaufsichtliche Zulassung Z-23.11–
    2092 Hiss Reet Schilfrohrhandel GmbH." www.dibt.de/de/service/zulassungsdownload/detail/
    z-2311-2092 (Zugriff am: 3. August 2023).
16. Hiss Reet eK. „Technische Daten Hiss Reet Platte." www.hiss-reet-shop.de/media/1d/bf/aa/164
    8024695/Datenblatt-hiss-reet-platte.pdf (Zugriff am: 3. August 2023).
17. *Bayrische Bauordnung: BayBO*, in der Fassung der Bekanntmachung von 2007. Zugriff am: 20.
    Juli 2023. [Online]. Verfügbar unter: www.gesetze-bayern.de/Content/Document/BayBO
 * Anmerkung: Die Quellenangaben zur Holzfaserdämmplatte sind verändert und anonymisiert,
   da der Firmenname auf Wunsch der Firma unkenntlich bleiben soll. Dies gilt für alle weiteren
   Stellen mit „XXX" in der Quellenangabe.

5.1 Analyse des synthetischen Dämmstoffs – EPS

5.1.1 Aufbau des WDVS und Verarbeitung des Dämmstoffs

Das zu verwendende Produkt, das im Leistungsverzeichnis des Projekts „Seniorenwohnen Veitshöchheim" ausgeschrieben ist, ist eine Sto-Dämmplatte EPS 034 mit einer Wärmeleitfähigkeit von höchstens 0,035 W/mK (siehe Anhang 0.3). Das Bauprodukt, das im Projekt eingesetzt werden soll, ist noch nicht definiert. Aufgrund der vorhandenen Angaben wird das Bauprodukt „Sto-Polystyrol-Hartschaumplatte PS15SE 034" für den Vergleich ausgewählt. Es weist einen Nennwert der Wärmeleitfähigkeit von $\lambda_D = 0,033 \, W/mK$ und einen Bemessungswert der Wärmeleitfähigkeit von $\lambda_B = 0,034 \, W/mK$ auf [1].

Ein Wärmedämm-Verbundsystem erhält nur als einheitliches System eine Zulassung.

Auf Basis der im Leistungsverzeichnis ausgeschriebenen Bauprodukte wird für den Vergleich das StoTherm Vario Wärmedämm-Verbundsystem betrachtet (siehe Anhang 0.3). Der Aufbau des Systems ist in Abb. 5.1 dargestellt.

Abb. 5.1 Aufbau des WDV-Systems StoTherm Vario [2]

Das WDVS wird auf dem Außenmauerwerk/Tragwerk, Schicht 1, angebracht und besteht aus folgenden Komponenten:

2) Sto-Baukleber zum Verkleben der Dämmplatten
3) Sto-Polystyrol-Hartschaumplatte PS15SE 034
4) Sto-Levell Uni als Unterputz
5) Sto-Glasfasergewebe als Armierungsgewebe
*empfohlen: Sto-Putzgrund als Zwischenbeschichtung
6) StoMineral als Oberputz
7) StoColor Silco als Farbanstrich
8) Fassadenbekleidung, im Projekt von Veitshöchheim nicht vorhanden. [2]

Kernbestandteil des WDVS sind die Dämmplatten, welche eine Abmessung von 100×50 cm aufweisen. Bei einer Rohdichte von 15–20 kg/m3 (gewählt: 18 kg/m3) und einer Plattenstärke von 14 cm haben die EPS-Dämmplatten ein Gewicht von etwa 1,3 kg. Die Dämmstoffplatten werden mit dem zugehörigen Klebemörtel passgenau im Verband auf die Wand geklebt. Dabei muss darauf geachtet werden, dass keine Fugen entstehen. Die EPS-Platten müssen eine Verklebung von mindestens 40 % ihrer Fläche aufweisen. Dabei muss der Kleber in einer umlaufenden Wulst und in der Mitte mit drei handtellergroßen Klebepunkten auf die EPS-Platten aufgetragen werden. Ein vollflächiges Verkleben ist ebenfalls bei ebenen Untergründen zulässig. Hier muss mit einer Zahntraufel der Klebemörtel aufgekämmt werden. [1] Eine Verdübelung der EPS-Dämmplatten ist im Bereich des Neubaus gemäß Rücksprache mit dem Systemhersteller Sto nicht erforderlich. Deshalb sind im Leistungsverzeichnis die Sto-Thermodübel lediglich als Bedarfsposition ausgeschrieben (siehe Anhang 0.3).

Für das Putzsystem wird zunächst der mineralische Unterputz StoLevell Uni in einer Schichtdicke von drei bis fünf Millimetern aufgetragen [3]. Das Glasfasergewebe wird in das obere Drittel der Armierungsschicht eingebettet. Es muss blasen- und faltenfrei eingebracht werden und die Stöße müssen sich 10 cm überlappen [4]. Die Zwischenbeschichtung dient dazu die Verarbeitungszeit des Oberputzes zu verlängern, weshalb dessen Verwendung vom Systemhersteller Sto empfohlen wird [5]. Darauf wird der mineralische Oberputz StoMineral in einer Schichtdicke von zwei bis maximal acht Millimeter aufgebracht [6]. Der Farbanstrich erfolgt zuletzt mit der hoch wasserabweisenden Silikonharzfarbe StoColor Silco [7]. Gemäß des Systemherstellers Sto sind zwei Anstriche für ein ebenmäßiges Bild nötig (siehe Anhang 0.17). Somit wird eine gesamte Schichtdicke des Systems von sechs bis neun Millimetern erreicht.

5.1.2 Dämmwert und Wärmeschutz

Für das Projekt in Veitshöchheim wurde ein U-Wert der Außenwände von 0,227 W/m2K berechnet, um den Nachweis der Einhaltung des Gebäudeenergiegesetzes zu erbringen (siehe Anhang 0.7). In dem Nachweis des GEGs ist der Außenwandaufbau angegeben, der für die Berechnung angesetzt wurde. Die Außenwand besteht von innen nach außen betrachtet aus einem Kalkgips- bzw. Gipsmörtel, der Außenwand aus Kalksandstein-Mauerwerk, dem EPS-Dämmstoff und einem armierten Außenputz, wie in Abb. 5.2 zu erkennen ist.

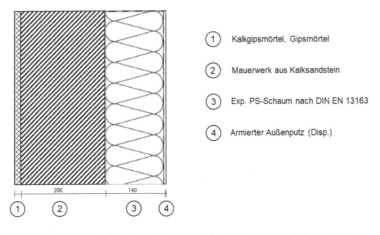

Abb. 5.2 Geplanter Schichtaufbau der Außenwand, in Anlehnung an Anhang 0.7

Tab. 5.1 Berechnung Wärmedurchgangswiderstand der Außenwand im Projekt, in Anlehnung an Anhang 0.7

Nr	Schicht	Dicke mm	λ_D W/(mK)	R_T m²K/W
-	Wärmeübergang innen			0,130
1	Kalkgipsmörtel, Gipsmörtel	15,0	0,700	0,021
2	Mauerwerk aus Kalksandstein	200,0	0,990	0,202
3	Sto Polystyrol-Hartschaumplatte 034	140,0	0,034	4,118
4	Armierter Außenputz (Disp.)	5,0	0,700	0,007
-	Wärmeübergang außen			0,040
-	Summe Bauteil	360,0		4,518
U-Wert des Wandaufbaus in W/m²K:				**0,221**

In der Tab. 5.1 ist die Berechnung des U-Wertes der Außenwand für das Bauprojekt in Veitshöchheim dargestellt. Der Innenputz wird mit einer Stärke von 1,5 cm angegeben und die Mauerwerkssteine weisen eine Dicke von 20 cm auf. Die Dämmstoffplatte wird mit 14 cm ausgeführt, worauf ein Putz mit 0,5 cm Aufbau angebracht wird. Die dargestellte Berechnung basiert auf der Berechnung des GEG-Nachweises (Anhang 0.7). Die angenommene Dämmstoffplatte wird jedoch durch das zu vergleichende Produkt, die Sto Polystyrol-Hartschaumplatte 034 ersetzt. Die restlichen Schichten sind aus der GEG-Berechnung herausgenommen und werden nicht modifiziert.

Das ausgewählte Produkt „Sto-Polystyrol-Hartschaumplatte PS15SE 034" weist eine Wärmeleitfähigkeit mit einem Berechnungswert von $\lambda_B = 0,034 W/mK$ auf, wodurch sie einen Wärmedurchlasswiderstand von 4,118 m2K/W erreicht. Mit dem angenommenen Außenwandaufbau wird ein U-Wert von 0,221 W/m2K erreicht. Dieser liegt unter den 0,227 W/m2K aus dem GEG-Nachweis, wodurch das Bauprodukt die Anforderungen erfüllt.

5.1.3 Brandschutz

Die Sto-Polystyrol-Hartschaumplatte 034 wird gemäß DIN EN 13501-1 der Brandschutzklasse E zugeordnet. Das entspricht dem Anspruch „normalentflammbar". [1] Darüber hinaus kann das zugelassene WDVS durch das Putzsystem eine höhere Brandschutzklasse erreichen. Das auf dem Projekt angewendete System StoTherm Vario erfüllt die Anforderungen an das Brandverhalten von Baustoffen der Klasse C-s2, d0. Das bedeutet, dass das WDVS im Brandfall nicht brennend abfällt oder abtropft, es jedoch zu einer unbegrenzten Rauchentwicklung kommen kann. Zugeordnet zur Baustoffklasse C entspricht das WDVS dem europäischen Anspruch „schwerentflammbar". Dies ist jedoch nicht dem

nationalen Anspruch „schwerentflammbar" und somit nicht der Baustoffklasse B1 gleichzusetzen. Um eine Anwendung in Bereichen zu ermöglichen, bei denen bauaufsichtlich
die Anforderung „schwerentflammbar" an Außenwandbekleidungen gestellt wird, müssen gemäß der bauaufsichtlichen Zulassung verschiedene Kriterien eingehalten werden.
Dafür sind bestimmte Anforderungen an die Plattendicke, die Rohdichte und die Anbringung einer bestimmten Zwischen- oder Schlussbeschichung einzuhalten. Die allgemeine
bauaufsichtliche Zulassung des StoTherm Vario Wärmedämmverbundsystem stellt an
schwerentflammbare WDV-Systeme weitere konstruktive Brandschutzmaßnahmen. Damit
dies als schwerentflammbares WDVS verwendet werden kann, müssen z. B. Brandriegel
in definierten Abständen angebracht werden. [8] Die DIN 55699 gibt ebenfalls vor, dass
„Bei schwerentflammbaren Wärmedämm-Verbundsystemen mit EPS-Dämmplatten [...] aus
brandschutztechnischen Gründen besondere Maßnahmen erforderlich, z. B. das Anbringen
umlaufender Brandriegel um das Gebäude" [9], sind.

Im Abschn. 4.2 wurden die brandschutztechnischen Anforderungen an das Bauprojekt
bereits beschrieben. Die Gebäudeklasse 3 stellt die brandschutztechnische Anforderung „normalentflammbar" an die Außenwandbekleidungen und Dämmstoffe. Durch den
ungeregelten Sonderbau kommen keine weiteren Anforderungen an die Außenwandbekleidung hinzu. Auch im Brandschutzgutachten werden keine Einschränkungen für die
Außenwände und dessen Bekleidung getroffen. Dadurch kann im Bauprojekt „Seniorenwohnen Veitshöchheim" ein normalentflammbares WDVS eingesetzt werden. Das
geplante EPS-Wärmedämm-Verbundsystem weist in der Planung, wie in Abb. 4.2 und
4.3 dargestellt, Brandriegel über der Geländeoberkante, auf Höhe der Decke des Erdge-
schosses und auf Höhe der Decke des dritten Geschosses über Geländeoberkante auf.
Dieser WDVS-Aufbau mit Brandriegeln wird gemäß der bauaufsichtlichen Zulassung
des Wärmedämm-Verbundsystems StoTherm Vario sowie gemäß der DIN 55699 nur für
schwerentflammbare WDVS benötigt [8]. Für ein normalentflammbares WDVS sind keine
Anforderungen an konstruktive Brandschutzmaßnahmen in Form von Brandriegeln erforderlich. Somit werden für die weitere Analyse die Brandriegel aus Mineralwolle aus dem
Aufbau entfernt. Die geplanten Brandriegel im Projekt „Seniorenwohnen Veitshöchheim"
sind somit bauaufsichtlich nicht gefordert und nicht nötig. Dadurch besteht kein Anspruch,
diese an dem Gebäude verbauen zu müssen.

Darüber hinaus ist jedoch zu beachten, dass im Bereich der Treppenräume nichtbrennbare Dämmstoffe eingesetzt werden müssen, wie in Abschn. 4.2 beschrieben wurde. Im
Bereich der Treppenräume ist die EPS-Dämmung somit nicht anwendbar.

5.1.4 Rückbau- und Recyclingfähigkeit

Die Recyclingfähigkeit der EPS-Dämmplatten begrenzt sich aktuell beim Systemhersteller
Sto auf Verschnittreste, die beim Einbau des WDVS anfallen und noch keine Verunreinigung durch Kleber oder Mörtel erfahren haben. Sie werden zurück zum Hersteller geführt
und werden wieder dem Herstellprozess neuer Dämmplatten zugeführt. (Anhang 0.24).

Der Rückbau des Wärmedämm-Verbundsystems läuft nach Rücksprache mit dem Systemhersteller Sto optimalerweise so ab, dass der Oberputz und die Armierungsschicht aus Armierungsmörtel und -gewebe von der Dämmplatte abgeschält werden. Dafür werden die Putzschichten in Bahnen eingeschnitten und dann als gesamte Schicht von der Dämmplatte abgeschält. Die EPS-Dämmplatten werden darauffolgend separat vom Mauerwerk rückgebaut. Die am Mauerwerk verbliebenen Kleberreste müssen abschließend noch entfernt werden. Bei einer Trennung des Putzes von den Dämmplatten wird dieser wie Bauschutt entsorgt. Die EPS-Dämmungen werden thermisch in einer Abfallverbrennungsanlage verwertet. (Anhang 0.24).

Der Systemhersteller Sto hat noch kein eigenes Recyclingverfahren für verbaute bzw. rückgebaute Wärmedämm-Verbundsysteme entwickelt. Der Rückbau wird somit nicht über den Hersteller abgewickelt und die rückgebauten Materialien werden nicht zurück zum Hersteller geführt.

5.1.5   Lebenszykluskosten

Nun erfolgt die wirtschaftliche Analyse der Lebenszykluskosten für die Sto Polystyrol-Hartschaumplatte im StoTherm Vario WDVS. Dafür werden die Errichtungs-, Betriebs-, Instandhaltungs-, Rückbau- und Entsorgungskosten betrachtet.

Herstellkosten als Einzelkosten der Teilleistungen
Die Errichtungskosten setzen sich aus den Herstellkosten, den allgemeinen Geschäftskosten und dem Gewinn zusammen. Bei den Herstellkosten wird nur auf die Einzelkosten der Teilleistungen eingegangen. Darin werden Material- und Lohnkosten betrachtet. Die Baustellengemeinkosten (BGK) werden außenvorgelassen, da davon ausgegangen wird, dass diese keine Änderung beim unterschiedlichen Verbau der Dämmplatten erfahren. [10] Für beide Szenarien wird ein Gerüst sowie eine Baustelleneinrichtung benötigt. Es sind somit in den BGK keine Kostenunterschiede zu finden. Die allgemeinen Geschäftskosten und der Gewinn werden ebenfalls nicht betrachtet, da nicht das Beispielprojekt, sondern die Dämmstoffe im Vordergrund stehen sollen.

Die Materialkosten und Verbrauchsangaben für das Wärmedämm-Verbundsystem Sto-Therm Vario werden über den Systemhersteller Sto direkt bezogen, da der Hersteller die Produkte ausschließlich selbst vertreibt. Diese sind in der Tab. 5.2 aufgeführt. Darin sind alle Schichten zu finden, die das WDVS enthält. Die empfohlene Zwischenbeschichtung wird ebenfalls mitaufgenommen.

Die Gesamtkosten der Tab. 5.2 beziehen sich auf die Menge von 1975 m2. Diese ergibt sich aus 1815 m2 für die Fassadenflächen ausschließlich der Sockel- und Treppenhausbereiche. Dazu kommt die Fläche von rund 160 m2, die ursprünglich für die Brandriegel ausgeschrieben war. Die Wandflächen der Treppenhäuser finden in der Analyse keine Betrachtung, da dort ein nichtbrennbarer Dämmstoff verwendet werden muss. Das Putzsystem des StoTherm Vario WDVS ist zwar für die passende Dämmplatte von Sto zugelassen, für den Vergleich wird die Fläche jedoch ebenfalls nicht betrachtet, da das Holzfaser-WDVS keinen nichtbrennbaren Dämmstoff in Zusammenhang mit seinem Putzsystem zugelassen hat. Somit fließt in die Berechnung nur die Fassadenfläche ein, die in beiden Systemen eine identische Anwendung aufweist.

Die Tabelle zeigt, dass die Dämmplatten mit dem Listenpreis von 23,80 €/m2 auf die Menge bezogen den größten Kostenpunkt ausmachen. In der Abb. 5.3 wird zudem deutlich, dass die Dämmplatten zusammen mit der Verklebung zu über der Hälfte der Materialkosten beitragen. Das Putzsystem ist für den verbleibenden Rest der Materialkosten verantwortlich. Darin ist der Unterputz der größte Kostenpunkt.

Insgesamt ergeben sich die Materialkosten zu rund 115.400 €. Dabei ist anzumerken, dass in der Berechnung die Listenpreise des Herstellers angenommen wurden. Bei einem realen Angebot gibt der Hersteller einen Nachlass, der sich unter anderem durch die Größe des Projekts bestimmt. Dieser Rabatt wird individuell bestimmt und ist nicht in der Betrachtung miteinbezogen.

Tab. 5.2 Materialkosten des StoTherm Vario Systems (Anhang 0.17)

Produkt	Schicht	Kosten	Ver-brauch	Gesamtkosten
Fassadenfläche der zwei Häuser: 1975 m^2				
Sto-Baukleber	Kleber	1,56 €/ kg	5 kg/m^2	15.405,00 €
Sto-Polystyrol-Hartschaumplatte PS15SE 034	Dämmplatte	23,80 €/ m^2		47.005,00 €
Sto-Levell Uni	Unterputz	1,85 €/ kg	5 kg/m^2	18.268,75 €
Sto-Glasfasergewebe	Armierungsgewebe	2,36 €/ m^2		4.661,00 €
Sto Putzgrund	Zwischenbeschichtung	4,50 €/ kg	0,3 kg/m^2	8.887,50 €
StoMineral	Oberputz	1,87 €/ kg	2,7 kg/m^2	9.971,78 €
StoColor Silco	Farbanstrich 2x	16,26 €/ l	0,35 l/m^2	11.239,73 €
Materialkosten gesamt:				**115.438,75 €**

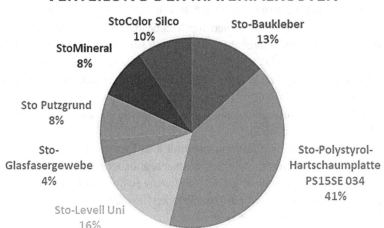

Abb. 5.3 Verteilung der Materialkosten des StoTherm Vario-WDVS

Die Lohnkosten beziehen sich auf Aufwandswerte und einem kalkulierten Stundenlohn aus Kalkulationsansätzen der Bauunternehmung Glöckle SF Bau GmbH. Die Menge, auf die sich die Tab. 5.3 bezieht, wird erneut mit 1975 m2 Fassadenfläche angesetzt.

Für das Verkleben der EPS-Dämmplatten wird ein Aufwandswert von 0,6 h/m2 angenommen. Der Unterputz wird in einem Arbeitsgang manuell aufgetragen, worin das Armierungsgewebe eingelegt wird. Dafür wird ein Zeitansatz von 0,3 h/m2 gewählt. Anschließend wird eine Zwischenbeschichtung aufgetragen, wofür ein Kalkulationsansatz von 0,1 h/m2 gewählt wird. Für den Oberputzauftrag inklusive den zwei Farbanstrichen

Tab. 5.3 Lohnkosten für den Verbau des WDVS

Beschreibung	Aufwandswert	Lohnkosten	Gesamtkosten
Fassadenfläche der zwei Häuser: 1975 m^2			
EPS-Dämmplatte; Stärke 14 cm kleben	0,6 h/m^2	38,00 €/h	45.030,00 €
Klebe- und Armierungsmörtel als Unterputz aufbringen, Armierungsgewebe einarbeiten	0,3 h/m^2	38,00 €/h	22.515,00 €
Zwischenbeschichtung auftragen	0,1 h/m^2	38,00 €/h	7.505,00 €
Mineralischen Oberputz auftragen, Farbanstrich	0,5 h/m^2	38,00 €/h	37.525,00 €
Nebenleistungen, wie Abkleben, Gerüst reinigen	0,1 h/m^2	38,00 €/h	7.505,00 €
Lohnkosten gesamt:			**120.080,00 €**

	Bezeichnung	Kosten
Tab. 5.4 Herstellkosten des StoTherm Vario-WDVS	Materialkosten	115.438,75 €
	Lohnkosten	120.080,00 €
	Herstellkosten	**235.518,75 €**

wird mit 0,5 h/m2 gerechnet. Zusätzlich kommen 0,1 h/m2 für Nebenleistungen wie das Abkleben oder das Reinigen des Gerüsts hinzu. Insgesamt werden durch das Verbauen des Wärmedämm-Verbundsystems Lohnkosten von rund 120.000 € verursacht.

Insgesamt ergeben sich Herstellkosten von rund 235.500 €, wie die Tab. 5.4 zeigt. Die Material- und Lohnkosten tragen dazu fast den gleichen Kostenanteil bei, wobei die Lohnkosten die Materialkosten geringfügig übersteigen.

Instandhaltungskosten

Ein Wärmedämm-Verbundsystem muss instandgehalten werden, um die vollständige Erhaltung der Leistungseigenschaften zu gewährleisten. Dafür muss das WDVS in regelmäßigen Abständen einer Sichtkontrolle unterzogen werden, sowie örtliche Reparaturen bei unfallbedingten und örtlich begrenzten Beschädigungen durchgeführt werden. Wichtig ist hierbei, dass die Instandhaltung bzw. Reparatur der beschädigten Stellen mit übereinstimmenden Komponenten durchgeführt werden. Dafür ist eine Reinigung oder entsprechende Vorbehandlung gegebenenfalls nötig. [8]

Instandhaltungsmaßnahmen sind somit sehr individuell zu bewerten. Nach Rücksprache mit dem Hersteller Sto ist ein neuer Anstrich des Gebäudes alle 10 bis 15 Jahre sinnvoll. Zuvor ist eine Sichtkontrolle zu empfehlen. Des Weiteren sind Sichtkontrollen vor allem in den Anschlussbereichen von Fenstern, Türen sowie im Sockelbereich in einem periodischen Turnus durchzuführen. Dabei ist auf Fehlstellen, Beschädigungen und Wassereintritt zu achten. Eine genaue Angabe für die periodische Erfordernis der Sichtkontrollen gibt der Hersteller nicht. (Anhang 0.27).

Für die Berechnung der Instandhaltungskosten des Projekts „Seniorenwohnen Veitshöchheim" wird angenommen, dass alle 12 bis 13 Jahre ein neuer Anstrich aufgebracht wird. Bei einer Lebensdauer von 50 Jahren (gemäß Anhang 0.27) werden somit drei neue Anstriche benötigt. Dafür wird das Produkt StoColor Silco verwendet. Es wird lediglich ein Farbanstrich aufgebracht, wodurch sich der Verbrauch hier zu den Errichtungskosten unterscheidet. In der Tab. 5.5 ist das einmalige Aufbringen des Farbanstrichs, aufgegliedert in Material- und Lohnkosten, dargestellt.

Für die Berechnung der zukünftigen Kosten wird auf Basis des DGNB Kriterienkatalogs ein Diskontierungssatz von 3 % und eine allgemeine Baupreissteigerung von 2 % angenommen [11]. Insgesamt fallen für einen neuen Anstrich zum aktuellen Zeitpunkt 20.800 € an. Dabei ist zu beachten, dass die Baustelleneinrichtungskosten, wie Gerüstkosten, darin nicht enthalten sind.

Tab. 5.5 Instandhaltungskosten des StoTherm Vario WDVS

Bezeichnung	Art	Kosten	Verbrauch/Aufwandswert	Gesamtkosten
Fassadenfläche der zwei Häuser: 1.975 m²				
StoColor Silco	Material	16,26 €/l	0,18 l/m²	5.780,43 €
Anstrich aufbringen	Lohn	38,00 €/h	0,1 h/m²	7.505,00 €
Nebenleistungen	Lohn	38,00 €/h	0,1 h/m²	7.505,00 €
Instandhaltungskosen gesamt zum aktuellen Zeitpunkt:				**20.790,43 €**
Kosten (einzeln) nach 12 Jahren:				18.493,49 €
Kosten (einzeln) nach 25 Jahren:				16.290,60 €
Kosten (einzeln) nach 38 Jahren:				14.350,12 €
Instandhaltungskosten (3x) über den Lebenszyklus:				**49.134,21 €**

Für die drei Anstriche, die während der Lebenszeit des WDVS gemäß der Annahme nach 12, 25 und 38 Jahren durchgeführt werden, fallen für die Instandhaltungskosten über den Lebenszyklus insgesamt rund 49.100 € an. Die Diskontierung und Preissteigerung sind darin berücksichtigt.

Betriebskosten
Für die Berechnung der Betriebskosten werden die Heizkosten betrachtet.

Exkurs: Die Heizleistung ergibt sich aus der Summe der Transmissionswärmeverluste und den Lüftungswärmeverlusten. Für die Transmissionswärmeverluste ist die Wärmeleitung der Energie von der Innenraumluft zur Außenluft von Bedeutung. Hierfür wird der Wärmestrom mit der Formel $\dot{Q} = U \cdot A \cdot (T_1 - T_2)$ berechnet. Dabei steht $\dot{Q}$ für den Wärmestrom [W], A für die Außenwandfläche [m2] und $T_1 - T_2$ für den Temperaturunterschied [K] zwischen dem beheizten Innenraum und der Außenluft. [12]

Die Lüftungswärmeverluste werden in der Betrachtung der Betriebskosten nicht berechnet, da sie in beiden Szenarien identisch sind. Somit bezieht sich die Betriebskostenberechnung ausschließlich auf die Heizkosten, die durch die Transmissionswärmeverluste entstehen. Es wird keine Heizlastberechnung nach DIN 12831 durchgeführt. Dadurch sind auch keine weiteren Sicherheitsfaktoren wie Wärmebrückenzuschläge o.ä. in der Berechnung enthalten. Es werden somit lediglich für den Vergleich relevante Kostenfaktoren, die vom Dämmsystem abhängen, betrachtet.

Bei dem Projekt „Seniorenwohnen Veitshöchheim" wird eine Pelletsheizung verbaut. Die Kosten, die durch das Heizmedium Pellets anfallen, liegen zum April 2023 bei 18,00 Cent/kWh netto, beziehungsweise 21,42 Cent/kWh brutto, wie mit dem Wärmelieferanten vertraglich vereinbart ist (Anhang 0.8).

Um den Wärmestrom, der durch die Transmissionswärmeverluste entsteht, berechnen zu können, wird die Temperaturdifferenz zwischen der Raum- und der Außenluft benötigt. Diese Temperaturdifferenz wird über die Gradtagzahl bestimmt. Die Gradtagzahl wird durch die Aufsummierung der Temperaturdifferenzen zwischen Raum- und Außentemperatur in einem Jahr ermittelt. Angegeben wird sie in der Einheit Kelvin*Tag [Kd]. [13] Die Gradtagzahl von Veitshöchheim wird mithilfe des Rechners für Gradtagzahlen des Instituts Wohnen und Umwelt (IWU) angegeben, wofür die durchschnittliche Innentemperatur und die Heizgrenztemperatur angegeben werden muss. Auf Basis der für das Projekt durchgeführten Heizlastberechnung wird ein Durchschnittswert der Innenraumtemperatur von 22°C angenommen (Anhang 0.9).

Mit der Heizgrenztemperatur von 12°C für Neubauten nach GEG (Anhang 0.18) und der Innentemperatur von 22°C ergibt sich somit für den Zeitraum von Juni 2022 bis Mai 2023 eine Gradtagzahl von 3288 Kd, welche für die Berechnung der Heizkosten angenommen wird (siehe Anhang 0.18).

In der Tab. 5.6 ist die Berechnung der Heizkosten, verursacht durch den Wärmestrom der Transmissionswärmeverluste, dargestellt. Mit der Verwendung des StoTherm Vario WDVS ergibt sich der U-Wert des gesamten Außenwandaufbaus von 0,221 W/m2K. Wenn für das Heizen mit Pellets die oben genannten 21,42 Cent/kWh brutto angenommen werden, ergeben sich Heizkosten von knapp 7.400 € im Jahr. Bei einer angenommenen Diskontierung von 3 % und einer Preisentwicklung der Energiekosten von 5 % [11], ergibt sich ein Barwert von 84,93. Dadurch treten über den Lebenszyklus des Gebäudes insgesamt 626.000 € an Heizkosten auf.

Rückbau- und Entsorgungskosten
Die Rückbau- und Entsorgungskosten werden aus den Lohnkosten für den Rückbau und den Kosten für die Entsorgung bestimmt. Der Aufwandswert für den Rückbau von verklebten EPS-Dämmplatten wird firmenintern abgestimmt. Das Abschälen des Oberputzes und Entfernen der Dämmplatten wird zu 0,25 h/m2 angenommen. Nebenleistungen, wie das

Tab. 5.6 Heizkosten bei Verwendung des StoTHerm Vario WDVS

Bezeichnung	Werte
Außenwandfläche	1975 m^2
U-Wert	0,221 W/m^{2}K
Gradtagzahl	3288 Kd
Heizenergie in 365 Tagen	1.435.129,80 Wd
Heizenergie in 365 Tagen	1.435,13 kWd
Heizenergie in kWh	**34.443,12 kWh im Jahr**
Heizkosten Pellets	0,2142 €/kWh
Heizkosten im Jahr	**7.377,72 €**
Barwert	84,83
Heizkosten über 50 Jahre	**625.845,99 €**

Tab. 5.7 Lohnkosten des Rückbaus des StoTherm Vario WDVS

Beschreibung	Aufwandswert	Stundenlohn	Kosten
Armierungsschicht abschälen EPS-Dämmplatten inkl. Kleber zurückbauen	0,25 h/m^2	38,00 €/h	18.762,50 €
Nebenleistungen (wie Gerüst reinigen, Dämmplatten entsorgen)	0,1 h/m^2	38,00 €/h	7.505,00 €
Lohnkosten Rückbau:			**26.267,50 €**
Lohnkosten in 50 Jahren:			**16.127,46 €**

Reinigen des Gerüsts, die Entsorgung der Platten und das Entfernen von Mörtelrückständen an der Wand, werden mit 0,1 h/m2 gewählt. In der Tab. 5.7 sind die Lohnkosten, die durch beim Rückbau des WDVS anfallen, aufgeführt. In 50 Jahren fallen 16.100 € für den Rückbau des EPS-WDVS an.

Das Entsorgungsunternehmen stuft die zu entsorgenden Abfälle der EPS-Wärmedämm-Verbundsysteme in die Kategorien der AVV ein. Je nach Anteil der Verunreinigung und der Möglichkeit der Zuordnung in die entsprechende Abfall-Klasse, findet eine genauere Unterteilung der Abfälle statt, wie in der Tab. 5.8 dargestellt ist. Die Kosten aus der Tabelle beziehen sich auch auf die Entsorgungskosten eines ortsnahem Entsorgungsunternehmen. Der Armierungsputz wird, solange er getrennt werden kann, als Bauschutt unter dem Abfallschlüssel 170107 der AVV entsorgt. Die EPS-Dämmplatten werden als Baustyropor der Klasse 170604 „Dämmmaterial ohne Gefahrenstoffe" zugeordnet, wie die Tab. 5.8 zeigt. Bei einer Anhaftung von Putz- und Mörtelresten an den Dämmstoffplatten, wird das Gesamtgewicht der teuren Abfallklasse 170604 zugeordnet. (Anhang 0.28).

Die in der Tab. 5.8 genannten Preise des Entsorgungsunternehmens ergeben sich im Zusammenspiel mit dem Gewicht der zurückgebauten Schichten zu Entsorgungskosten von insgesamt 10.800 €, wie Tab. 5.9 zeigt. Es wird, wie im Abschn. 5.1.4 beschrieben, von

Tab. 5.8 AVV-Klassen und die Entsorgungskosten bei dem Entsorgungsunternehmen (Anhang 0.28)

Bauteilschicht	Abfallschlüssel gem. AVV	Name der AVV-Klasse [14]	Kosten in €/to netto	Kosten in €/to brutto
EPS-Dämmplatten mit leichten Verunreinigungen	170604	Dämmmaterial ohne Gefahrenstoffe (Baustyropor)	800,00 €/to	952,00 €/to
Gips, Mörtel, Putz	170107	Gemische aus Beton, Ziegeln, Fliesen und Keramik (Bauschutt)	98,00 €/to	116,62 €/to

Tab. 5.9 Entsorgungskosten des StoTherm Vario WDVS

Bauteilschicht	Rohdichte/ Ergiebigkeit	Gesamtgewicht	Kosten in €/to brutto	Gesamtkosten
EPS-Dämmplatten, Dicke 14 cm	18,00 kg/m^3	4,98 to	952,00 €/to	4.738,10 €
Kleber	5 kg/m^2	9,88 to		
Armierung	5 kg/m^2	9,88 to		
Oberputz	2,7 kg/m^2	5,33 to		
Masse von Putz und Mörtel (100 %)	25,08 to			
auf der Dämmplatte verbleibende Mörtelreste (15 %)	3,76 to	952,00 €/to	3.581,78 €	
restliche Entsorgung des Bauschutts (85 %)	21,32 to	116,62 €/to	2.486,35 €	
Entsorgungskosten:				**10.806,24 €**
Entsorgungskosten in 50 Jahren:				**6.634,70 €**

einer Trennung des Oberputzes von den Dämmplatten ausgegangen. Es wird die Annahme getroffen, dass beim Entfernen der Dämmplatten vom Mauerwerk eine Restanhaftung des Klebers von 15 % auf der Dämmplatte zurückbleibt, die in derselben Kostengruppe wie die Dämmplatte entsorgt werden muss. Die Mengenangaben der Mörtel- und Putzschichten sind dem Anhang 0.17 entnommen und entsprechen der Ergiebigkeit der Produkte beim Auftrag auf die Wand bzw. die Dämmplatte. Das Gewicht der Dämmplatten ergibt sich aus dessen Rohdichte. Die Mengen beziehen sich wieder auf die Fassadenfläche von 1975 m2. Bei einem angenommen Diskontierungssatz von 3 % und einer Baupreissteigerung von 2 % [11] ergeben sich die Entsorgungskosten in 50 Jahren zu 6.600 €.

Insgesamt ergeben sich die Rückbaukosten als Summe der Entsorgungs- und Lohnkosten in 50 Jahren zu 22.762,17 €. Darin sind keine Baustelleneinrichtungskosten wie Kosten für das Gerüst enthalten.

5.2 Analyse des natürlichen Alternativdämmstoffs

5.2.1 Aufbau des WDVS und Verarbeitung des Dämmstoffs

Für den zweiten Teil des Vergleichs wurde im Abschn. 4.3 eine Holzfaserdämmplatte ausgewählt. Diese wird nun auf dem Projekt fiktiv eingesetzt. Sie kann gemäß ihrer Bauartgenehmigung mit verschiedenen Putzsystemen kombiniert werden. Da im Abschn. 5.1 das gesamte WDVS inklusive Putzsystem eines Herstellers betrachtet wurde, wird dies

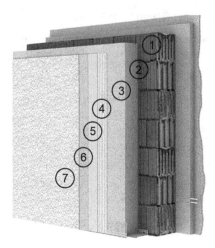

Abb. 5.4 Aufbau des Holzfaser-WDVS [15]

in dieser Analyse identisch durchgeführt. Folglich wird das Holzfaser-Wärmedämm-Verbundsystem mit dem herstellerzugehörigem Putzsystem analysiert. Es ist in der Abb. 5.4 dargestellt.

Es wird auf der Außenwand aus Mauerwerk oder Beton, Schicht 1, aufgebracht und ist aus den folgenden Komponenten aufgebaut:

2) Klebe- und Armierungsmörtel
3) Holzfaserdämmplatte
*zusätzlich zur Verklebung ist eine Verdübelung mit dem Dämmstoff-Schraubdübel notwendig
4) Klebe- und Armierungsmörtel als Unterputz
5) Armierungsgewebe
6) Mineralischer Oberputz mit Kratzputzstruktur
7) Silikonharzfarbe

Das Plattenformat beläuft sich auf 125 × 60 cm. Die Platten können stumpf oder mit Nut und Feder bestellt werden [16]. Aus Gründen der Vergleichbarkeit mit dem EPS-Dämmstoff wird sich auf die stumpfe Variante bezogen.

Die Anbringung der Dämmplatten im erdberührten Spritzwasserbereich ist nicht zulässig. Der Sockel des WDVS muss mindestens einen Abstand von 30 cm zur Geländeoberkante aufweisen. Die erste Reihe der Dämmplatten wird auf eine Sockelschiene aufgesetzt, welche den unteren Abschluss des WDVS bildet. Für die Verklebung der Holzfaserdämmplatten wird eine am Rand umlaufende Klebewulst und Klebepunkte in

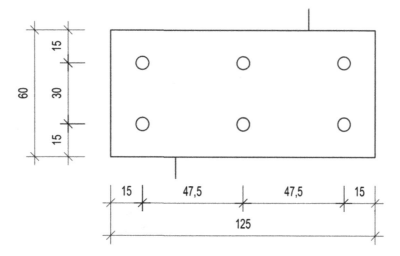

Abb. 5.5 Dübelbild der Holzfaserdämmplatte [15]

der Mitte der Platte aufgetragen. Dieser Kleberauftrag muss mindestens 40 % der Fläche ausfüllen. Es ist auch eine vollflächige Verklebung mit Zahnspachtel bei ebenen Untergründen möglich. Anschließend wird die Dämmplatte passgenau im Verband an die Wand geklebt. Zusätzlich zur Verklebung ist eine Verdübelung der Holzfaserdämmplatten notwendig. Gemäß LV befinden sich die Gebäude des Bauprojekts in der Windzone 1 und 2, Binnenland, wodurch 8 Dübel/m2 gefordert sind (siehe Anhang 0.3). Die Dübel werden erst nach vollständigem Abbinden des Klebermörtels eingebracht. Dafür wird eine Dämmstoff-Schraube verwendet. Die Dübel dürfen nicht in die Plattenfugen, sondern lediglich in die Plattenfläche, eingebracht werden. Auf einer Platte werden dafür sechs Dübel verbaut. Das Dübelbild ist in der Abb. 5.5 dargestellt. [15]

Nach dem Aushärten des Klebemörtels wird ein Unterputz auf die Dämmplatten aufgebracht. Die Aufbringung des Unterputzes erfolgt in zwei Arbeitsschritten. Der Kleber wird in die Oberfläche der Dämmplatte als Zahnspachtelung eingekämmt. Dabei muss eine Schichtdicke von drei bis vier Millimetern erreicht werden. Durch das Aushärten der Zahnspachtelung wird das Durchbluten von Lignin verhindert. Zudem stellt sie sicher, dass das Armierungsgewebe im äußeren Drittel der Armierungsschicht eingebettet ist. Dafür wird nach der Trocknung der Zahnspachtelung eine Querspachtelung aufgetragen. Darin wird das Armierungsgewebe nass eingebettet. Es wird anschließend nass in nass überspachtelt, bis das Gewebe vollständig bedeckt ist. Die gesamte Schichtdicke des Unterputzes inklusive des Armierungsgewebes beträgt circa sechs bis sieben Millimeter. Der mineralische Oberputz wird nach Austrocknung des Unterputzes in einer Kratzputzstruktur mit einer Schichtdicke von 1,5 bis 3 mm aufgetragen. Zuletzt wird der Farbanstrich mit einer Silikonharzfarbe aufgebracht. Der Schichtaufbau des Putzsystems ist in der Abb. 5.6 dargestellt. [15, 17, 18]

Abb. 5.6 Aufbau des Putzsystems des Holzfaser-WDVS [15]

Die Abbildung zeigt das Putzsystem auf der Holzfaser-Dämmplatte (1). Es besteht wie zuvor beschrieben, aus der Zahnspachtelung (2) und der darüberliegenden Querspachtelung (3), in die die Armierung (3) eingearbeitet wird. Schicht (4) stellt den Oberputz inkl. Anstrich dar.

Insgesamt zeigt das Putzsystem eine Gesamtschichtdicke von acht bis zehn Millimetern.

5.2.2 Dämmwert und Wärmeschutz

Der Bemessungswert der Wärmeleitfähigkeit des Bauprodukts der Holzfaserdämmplatte beträgt λ_B = 0,042W/mK, der Nennwert der Wärmeleitfähigkeit liegt bei λ_D = 0,040W/mK [16]. Es wird für die Berechnung des U-Wertes für die Holzfaserdämmplatte der gleiche Wandaufbau herangezogen, der auch für die Berechnung in Abschn. 5.1.2 verwendet wurde. Es wird lediglich der Bemessungswert der EPS-Dämmung mit dem Bemessungswert der Holzfaserdämmung ersetzt. Die restlichen Schichten werden nicht verändert. Wenn die Dämmstoffdicke des Holzfaserdämmstoffs mit 14 cm unverändert bleibt, ergibt sich ein U-Wert des Außenwandaufbaus von 0,268 W/m2K. Im Hinblick auf die späteren Betriebskosten soll jedoch derselbe U-Wert wie bei der Verwendung des EPS-Dämmstoffs erreicht werden. Dieser liegt, wie im Abschn. 5.1.2 berechnet wurde, bei 0,221 W/m2K. In der Tab. 5.10 wird berechnet, dass die Dämmstoffdicke von 17,3 cm nötig ist, um den geforderten U-Wert von 0,221 W/m2K zu erhalten.

Diese Plattenstärke ist vom Händler nicht verfügbar. Die nächste mögliche Abmessung der Dämmstoffplatte ist eine Plattendicke von 18,0 cm. Bei der Plattendicke von 18 cm ergibt sich ein neuer R-Wert der Holzfaserdämmplatte von R_3 = 0,180 m * 0,042 W/m2K = 4,286 W/m2. Damit wird ein neuer U-Wert im Außenwandaufbau mit dem Holzfaser-WDVS von 0,213 W/m2K erreicht. Dieser fällt somit geringer aus als beim EPS-WDVS und wird für die weiteren Berechnungen verwendet. Die Vergrößerung der Dämmstoffdicke ist im Falle des Bauprojekts in Veitshöchheim ohne weitere Beachtung möglich, da für

Tab. 5.10 Berechnung der benötigten Dämmstoffdicke bei Verwendung der Holzfaserdämmplatte und Beibehalten des U-Wertes

Nr	Schicht	Dicke mm	λ_D W/(mK)	R_T m²K/W
–	Wärmeübergang innen			0,130
1	Kalkgipsmörtel, Gipsmörtel	15,0	0,700	0,021
2	Mauerwerk aus Kalksandstein	200,0	0,990	0,202
3	Holzfaserdämmplatte	**173,0**	0,042	4,118
4	Armierter Außenputz (Disp.)	5,0	0,700	0,007
–	Wärmeübergang außen			0,040
–	Summe Bauteil	360,0		4,518
U-Wert des Wandaufbaus in W/m²K:				**0,221**

den Bauantrag in der Genehmigungsplanung eine Dämmstoffdicke von 20 cm angenommen wurde (siehe Anhang 0.6). Danach haben sich die Berechnung der Abstandsflächen sowie Geschoss- und Grundflächenzahl gerichtet. Daher ist eine Ausführung der 18 cm starken Holzfaserdämmung möglich.

5.2.3 Brandschutz

Die Holzfaserdämmplatten erreichen die brandschutztechnischen Anforderungen der europäischen Baustoffklasse E, was dem Anspruch „normalentflammbar" entspricht. Das Holzfaser-Wärmedämm-Verbundsystem mit dem herstellerzugehörigem Putzsystem ist der Euroklasse B-s1, d0 gemäß DIN EN 13501-1 zugeordnet. Dabei darf im Unterputz maximal ein organischer Gehalt von 3,1 % und im Oberputz von 4,8 % enthalten sein. [19] Dazu ist in Rücksprache mit dem Hersteller anzumerken, dass die europäische Baustoffklasse B-s1, d0 zwar als „schwerentflammbar" bezeichnet wird, jedoch nicht mit dem „schwerentflammbar" der nationalen Baustoffklasse B1 gleichzusetzen ist, wie im Abschn. 2.2.1 bereits erörtert wurde. Das Holzfaser-WDVS ist somit nur dort anwendbar, wo die bauaufsichtliche Anforderung „normalentflammbar" für Außenwandbekleidungen vorhanden ist [17]. Somit ist, wie in Abschn. 2.2.4 beschrieben, die Anwendbarkeit der Holzfaserdämmung gemäß der Musterbauordnung oder auch der bayrischen Bauordnung auf die Gebäudeklasse 3 begrenzt.

Bezüglich des konstruktiven Brandschutzes gibt es für Holzfaserdämmungen keine normativen oder zulassungstechnischen Regelungen. Die DIN 55699 bezieht sich in ihrem Anwendungsbereich auf EPS- und Mineralwoll-Dämmungen. Sie schließt Holzfaserdämmplatten nicht in die Norm mit ein. Eine Verwendung von Brandriegeln ist bei Holzfaserdämmungen somit nicht vorgesehen, wodurch unter anderem eine Anwendung

über den normalentflammbaren Bereich hinaus verwehrt bleibt. Im Bereich der normalentflammbaren Anforderungen an die Baustoffe liegen generell keine Vorgaben an die
Verwendung von Brandriegeln vor. (Anhang 0.25).

Im Bereich der Treppenräume sind, wie im Abschn. 4.2 beschrieben, nichtbrennbare
Dämmstoffe gefordert. Eine Anwendung der Holzfaserdämmung ist somit im Bereich der
Treppenräume nicht möglich. Dort muss beispielsweise Mineralwolle verbaut werden.

5.2.4 Rückbau- und Recyclingfähigkeit

Der Hersteller der Holzfaserdämmstoffplatte hat gemäß Rücksprache noch kein Recyclingverfahren für zurückgebaute Holzfaserdämmplatten entwickelt. Aktuell fallen noch
keine großen Mengen an zurückgebautem WDVS an, da die Lebenszyklen der Dämmplatten bzw. des Wärmedämm-Verbundsystems noch nicht erreicht sind. Lediglich können
vereinzelt Holzfaser-WDVS-Abfälle aufkommen, wenn es zu einem frühzeitigen Rückbau kommt. Hierbei besteht ebenfalls die Möglichkeit den Oberputz von der Dämmplatte
abzuschälen, damit dieser separat entsorgt werden kann. Das Putzsystem und die Mörtel-
reste werden als Bauschutt entsorgt. Die Verwertung der Dämmplatten erfolgt thermisch
in einem Biomassekraftwerk. Das Problem in der Recyclingfähigkeit der Dämmplatten
ergibt sich durch deren Verunreinigung. Vor allem die auf mineralische Untergründe
verklebten Dämmplatten weisen eine Verschmutzung durch Kleberrückstände auf. Holzfaserdämmplatten, die auf einen Holzrahmenbau verschraubt oder geklammert werden,
zeigen einen geringeren Verschmutzungsgrad, jedoch haften auch an ihnen Teile des Putzsystems. Dadurch, dass es noch keinen Recycling-Leitfaden gibt, findet die thermische
Verwertung der Holzfaserdämmplatten aktuell noch Anwendung. (Anhang 0.26).

Verschnittreste, die beim Einbau des WDVS anfallen, werden hingegen gesammelt und
zurück zum Händler gebracht. Diese Verschnitte werden in den Herstellungsprozess neuer
Platten integriert, da sie noch keine Verunreinigungen aufzeigen. (siehe Anhang 0.26).

5.2.5 Lebenszykluskosten

Herstellkosten als Einzelkosten der Teilleistungen
Die Materialkosten des Holzfaser-Wärmedämm-Verbundsystems sind in der Tab. 5.11
dargestellt. Darin ist der Listenpreis des Herstellers für das jeweilige Produkt und der
dazugehörige Verbrauch aufgelistet. Der Aufbau bezieht sich auf den im Abschn. 5.2.1
beschriebenen Schichtaufbau des Wärmedämm-Verbundsystems. Die Gesamtkosten beziehen sich wie im Abschn. 5.1.5 auf die Fassadenfläche von 1975 m2. Der Materialpreis der
Holzfaserdämmplatte liegt bei 37,00 €/m2 für die Platte in 18,0 cm Stärke, welche für das
Projekt verwendet wird.

Tab. 5.11 Materialkosten des Holzfaser- WDVS (Anhang 0.12)

Materialkosten	Kosten	Verbrauch	Gesamtkosten
Fassadenfläche der zwei Häuser: 1975 m^2			
Klebe- und Armierungsmörtel	0,95 €/kg	3,3 kg/m^2	6.097,81 €
Holzfaserdämmplatte, stumpf, Dicke 18 cm	37,00 €/m^2		73.075,00 €
Dämmstoff-Schraubdübel 6 × 215 mm	1,361 €/Stk	8,0 Stk/m^2	21.503,80 €
Klebe- und Armierungsmörtel	0,95 €/kg	6,0 kg/m^2	11.257,50 €
Armierungsgewebe	1,30 €/m^2		2.567,50 €
Mineralischer Oberputz 3 mm Körnung	0,75 €/kg	3,5 kg/m^2	5.184,38 €
Silikonharzfarbe	11,40 €/l	0,3 l/m^2	6.754,50 €
Materialkosten gesamt:			**126.440,49 €**

Die Holzfaserdämmplatten machen, wie in der Tabelle dargestellt, den größten Kostenpunkt aus. In der Abb. 5.7 ist zu sehen, dass die Dämmplatten 58 % der Gesamtkosten bilden. Zusammen mit dem Kleber und der Verdübelung zeigen die Dämmplatten 80 % der Materialkosten auf. Das Putzsystem trägt 20 % zu den Materialkosten bei. Insgesamt belaufen sich die Materialkosten auf rund 126.500 €.

Für die Berechnung der Lohnkosten wird sich erneut auf firmeninterne Kalkulationswerte bezogen. Es gibt jedoch keine direkten Kalkulationsansätze für das Kleben und Verdübeln von Holzfaserdämmplatten. Der Aufwandswert für das Verkleben der Holzfaser-Dämmplatten wird identisch zum Verkleben der EPS-Dämmplatten mit 0,6 h/m2 angesetzt.

Abb. 5.7 Verteilung der Materialkosten des Holzfaser-WDVS

Ein Unterschied aufgrund der höheren Plattenstärke wird nicht angenommen. Pro Quadratmeter müssen im Falle der Holzfaserdämmung acht Dämmstoffdübel verbaut werden. Dafür wird in Rücksprache mit der firmeninternen Kalkulationsabteilung ein Zeitaufwand von 0,25 h/m2 angesetzt.

Des Weiteren muss der Armierungsmörtel als Unterputz im Gegensatz zur EPS-Dämmung in zwei Arbeitsschritten aufgebracht werden. Der Aufwandswert von 0,3 h/m2 für den Unterputzauftrag in einem Arbeitsgang wird auf 0,5 h/m2 angepasst, da die erste Schicht des Unterputzes vollständig aushärten muss, bevor die zweite Schicht aufgetragen werden darf. Eine Zwischenbeschichtung für das Holzfaser-WDVS wird nicht benötigt. Der restliche Arbeitsaufwand unterscheidet sich nicht. Die Lohnkosten belaufen sich dadurch insgesamt auf rund 146.300 €, wie in Tab. 5.12 dargestellt ist.

Die Herstellkosten ergeben sich als Summe aus Material- und Lohnkosten somit zu rund 273.000 €, wie in der Tab. 5.13 zu sehen ist.

Tab. 5.12 Lohnkosten des Holzfaser- WDVS

Beschreibung	Aufwandswert	Lohnkosten	Gesamtkosten
Fassadenfläche der zwei Häuser: 1.975 m^2			
Holzfaser-Dämmplatten, Stärke 18 cm, verkleben	0,6 h/m^2	38,00 €/h	45.030,00 €
Holzfaser-Dämmplatten mit 8 Dübeln/m^2 verdübeln	0,25 h/m^2	38,00 €/h	18.762,50 €
Klebe- und Armierungsmörtel als Unterputz in zwei Arbeitsschritten aufbringen, Armierungsgewebe einarbeiten	0,5 h/m^2	38,00 €/h	37.525,00 €
Mineralischen Oberputz auftragen, Farbanstrich	0,5 h/m^2	38,00 €/h	37.525,00 €
Nebenleistungen, wie Abkleben, Gerüst reinigen	0,1 h/m^2	38,00 €/h	7.505,00 €
Lohnkosten gesamt:			**146,347,50 €**

Tab. 5.13 Herstellkosten Holzfaser-WDVS

Bezeichnung	Kosten
Materialkosten	126.440,49 €
Lohnkosten	146.347,50 €
Herstellkosten	**272.787,99 €**

Tab. 5.14 Instandhaltungskosten des Holzfaser-WDVS

Bezeichnung	Art	Kosten	Verbrauch/Aufwandswert	Gesamtkosten
Silikonharzfarbe	Material	11,40 €/l	0,18 l/m^2	3.940,13 €
Anstrich aufbringen	Lohn	38,00 €/h	0,1 h/m^2	7.505,00 €
Nebenleistungen	Lohn	38,00 €/h	0,1 h/m^2	7.505,00 €
Instandhaltungskosten (1x) gesamt:				**18.950,13 €**
Kosten (einzeln) nach 12 Jahren				16.856,50 €
Kosten (einzeln) nach 25 Jahren				14.848,61 €
Kosten (einzeln) nach 38 Jahren				13.079,89 €
Instandhaltungskosten (3x) über den Lebenszyklus:				**44.785 €**

Instandhaltungskosten

Fassadenflächen müssen regelmäßig kontrolliert und gewartet werden. Hinsichtlich der Wartungsintervalle bestehen keine Unterschiede zwischen einem Holzfaser-WDVS zu anderen Putzfassaden. [15]

Wie bei der EPS-Dämmung wird angenommen, dass die Fassade alle 12 Jahre einen neuen Anstrich erhält. Hierfür wird das die Silikonharzfarbe verwendet. Es wird, wie im vergleichbaren Abschn. 5.1.5, nur ein Anstrich benötigt. Die Diskontierung und Preissteigerung werden ebenfalls identisch angenommen. Dadurch ergeben sich die Gesamtkosten für das Material und den Lohn mit ca. 45.000 € für die drei Anstriche über den Lebenszyklus, wie die Tab. 5.14 zeigt.

Betriebskosten

Für die Berechnung der Betriebskosten werden dieselben Annahmen wie im Abschn. 5.1.5 getroffen. Sowohl die Außenwandfläche als auch die Gradtagzahl bleiben gleich, ebenso wie die Heizkosten von 21,42 Cent/kWh. Die einzige Komponente, die sich in dem Wandaufbau unterscheidet, ist die Holzfaserdämmplatte, die mit einer Plattendicke von 18 cm einen niedrigeren U-Wert erzeugt als die EPS-Dämmung. Dadurch verringert sich die benötigte jährliche Heizenergie, wodurch sich die jährlichen Heizkosten zu rund 7.100 € ergeben. Für die Lebensdauer von 50 Jahren wird derselbe Barwert wie im Abschn. 5.1.5 von 84,83 verwendet. Dadurch fallen innerhalb von 50 Jahren insgesamt 603.190,93 € Heizkosten aufgrund der Transmissionswärmeverluste an, siehe Tab. 5.15.

Rückbau- und Entsorgungskosten

Die Lohnkosten, die für den Rückbau des Holzfaser-Wärmedämm-Verbundsystems anfallen, basieren auf den Aufwandswerten des Abschn. 5.1.5. Es wird jedoch durch die zusätzliche Verdübelung der Holzfaserdämmplatten ein höherer Aufwandswert von 0,30 h/m2 angenommen. Die Dübel verbleiben beim Rückbau der Dämmplatten in der Wand und müssen anschließend abgeschnitten werden. Insgesamt ergeben sich dadurch Lohnkosten für den Rückbau in Höhe von 18.400 €, wie die Tab. 5.16 zeigt.

Tab. 5.15 Betriebskosten bei der Verwendung des Holzfaser-WDVS

Bezeichnung	Werte
Außenwandfläche U-Wert Gradtagzahl	1975 m^2 0,213 W/m^{2}K 3288 Kd
Heizenergie in 365 Tagen Heizenergie in 365 Tagen **Heizenergie in kWh**	1.383.179,40 Wd 1.383,18 kWd **33.196,31 kWh im Jahr**
Heizkosten Pellets **Heizkosten im Jahr** Barwert **in 50 Jahren**	0,2142 €/kWh **7.110,65 €** 84,83 **603.190,93 €**

Tab. 5.16 Lohnkosten für den Rückbau des Holzfaser-WDVS

Beschreibung	Aufwandswert	Stundenlohn	Kosten
Armierungsschicht abschälen; EPS-Dämmplatten inkl. Kleber zurückbauen; Dübel abschneiden	0,3 h/m^2	38,00 €/h	22.515,00 €
Nebenleistungen (wie Gerüst reinigen, Dämmplatten entsorgen)	0,1 h/m^2	38,00 €/h	7.508,80 €
Lohnkosten Rückbau:			**30.023,80 €**
Lohnkosten Rückbau in 50 Jahren:			**18.433,72 €**

Die Entsorgungskosten werden mit den Kostenangaben des Entsorgungsunternehmens berechnet. In der Tab. 5.17 sind die benötigten Abfall-Klassen nach AVV bzw. Altholzkategorien mit den Kosten des Entsorgungsunternehmens dargestellt. Die Holzfaser-Dämmplatten werden in der Altholzkategorie AII entsorgt, wenn keine großflächigen Anhaftungen der Putzreste vorhanden sind. Falls die Verunreinigungen in zu großem Maße ausfallen, werden die Dämmstoffe als Baumischabfall entsorgt. Die Einstufung in die jeweilige Klasse kann jedoch nicht pauschalisiert werden und wird spezifisch bestimmt. (Anhang 0.28).

Es wird wieder von einer Trennung der Oberputzschicht von der Dämmplatte ausgegangen. Die Trennbarkeit ist dabei durch die Holzfasern der Dämmplatte möglicherweise erschwert. Für die Berechnung wird jedoch ein identisches Verhalten der Dämmplatte beim Abschälen der Putzschicht angenommen. Zudem wird erneut mit Kleberrückständen an der Dämmplatte von 15 % gerechnet. Die Massen der Putzschichten ergeben sich aus der Ergiebigkeit, die in ihren Datenblättern angegeben sind [21, 22]. Die Entsorgungskosten belaufen sich gemäß der Tab. 5.18 auf rund 6.000 €.

Die Rückbau- und Entsorgungskosten des Holzfaser-Wärmedämm-Verbundsystems ergeben somit in Summe in 50 Jahren 24.448,54 €.

Tab. 5.17 Entsorgungskosten und Abfall-kategorien des Entsorgungsunternehmens (Anhang 0.28)

Bauteilschicht	Abfallkategorie	Name [14, 20]	Kosten in €/to netto	Kosten in €/to brutto
Holzfaser-Dämmplatten mit leichten Verunreinigungen	A II (AltholzV)	Verleimtes, gestrichenes, beschichtetes […] Holz	120,00 €/to	142,80 €/to
Gips, Mörtel, Putz	170.107 (AVV)	Gemische aus Beton, Ziegeln, Fliesen und Keramik (Bauschutt)	98,00 €/to	116,62 €/to
Baumischabfall	170.904 (AVV)	gemischte Bau- und Abbruchabfälle	270,00 €/to	321,30 €/to

Tab. 5.18 Entsorgungskosten des Holzfaser-WDVS

Bauteilschicht	Rohdichte/ Ergiebigkeit	Gesamtgewicht	Kosten in €/to brutto	Gesamtkosten
Holzfaser-Dämmplatten (Dicke 18 cm) mit leichten Verunreinigungen	140,00 kg/m^3	25,20 kg/m^2	142,80 €/to	7.107,16 €
Kleber	305 m^2/to	6,48 to		
Unterputz	225 m^2/to	8,78 to		
Oberputz	280 m^2/to	7,06 to		
Masse des Putzes und Mörtels (100 %)		22,31 to		
Auf der Dämmplatte verbleibende Mörtelreste (15 %)		3,35 to	142,80 €/to	477,89 €
Restliche Entsorgung des Bauschutts (85 %)		18,96 to	116,62 €/to	2.211,56 €
Entsorgungskosten:				**9.796,60 €**
Entsorgungskosten in 50 Jahren:				**6.014,82 €**

Literatur

1. Sto SE & Co. KGaA. „Technisches Merkblatt Sto-Polystyrol-Hartschaumplatte PS15SE 034." https://datamaster.sto-net.com/webdocs/0000/SDB/techdoc_out_renamed/TechnicalDataSh eet_Sto-Polystyrol-Hartschaumplatte_PS15SE_034_0101_DE_06_01.PDF (Zugriff am: 3. August 2023).

2. Sto SE & Co. KGaA. „StoTherm Vario." www.sto.de/s/c/a0K2p00001J87FWEAZ/stotherm-vario (Zugriff am: 4. August 2023).

3. Sto SE & Co. KGaA. „Technisches Merkblatt StoLevell Uni." https://datamaster.sto-net.com/webdocs/0000/SDB/techdoc_out_renamed/TechnicalDataSheet_StoMiral_MP_0101_DE_16_00.PDF (Zugriff am: 9. August 2023).

4. Sto SE & Co. KGaA. „Technisches Merkblatt Sto-Glasfasergewebe." https://datamaster.sto-net.com/webdocs/0000/SDB/techdoc_out_renamed/TechnicalDataSheet_Sto-Glasfasergewebe_0101_DE_08_09.PDF (Zugriff am: 9. August 2023).

5. Sto SE & Co. KGaA. „Technisches Merkblatt Sto-Putzgrund." https://datamaster.sto-net.com/webdocs/0000/SDB/techdoc_out_renamed/TechnicalDataSheet_StoColor_Silco_0101_DE_20_00.PDF (Zugriff am: 9. August 2023).

6. Sto SE & Co. KGaA. „Technisches Merkblatt StoMiral MP." https://datamaster.sto-net.com/webdocs/0000/SDB/techdoc_out_renamed/TechnicalDataSheet_StoMiral_MP_0101_DE_16_00.PDF (Zugriff am: 9. August 2023).

7. Sto SE & Co. KGaA. „Technisches Merkblatt StoColor Silco." https://datamaster.sto-net.com/webdocs/0000/SDB/techdoc_out_renamed/TechnicalDataSheet_StoColor_Silco_0101_DE_20_00.PDF (Zugriff am: 9. August 2023).

8. DIBt – Deutsche Institut für Bautechnik. „Allgemeine bauaufsichtliche Zulassung/allgemeine Bauartgenehmigung Z-33.43–61 Wärmedämm-Verbundsysteme StoTherm Classic." www.dibt.de/de/service/zulassungsdownload/detail/z-3343-61 (Zugriff am: 3. August 2023).

9. DIN 55699:2017–08 (WDVS) mit Dämmstoffen aus expandiertem Polystyrol-Hartschaum (EPS) oder Mineralwolle (MW): Anwendung und Verarbeitung von außenseitigen Wärmedämm-Verbundsystemen, DIN.

10. C. J. Diederichs und A. Malkwitz, *Bauwirtschaft und Baubetrieb*. Wiesbaden: Springer Fachmedien Wiesbaden, 2020.

11. DGNB System, „Kriterienkatalog Gebäude Neubau: Version 2023," 2023. Zugriff am: 25. August 2023. [Online]. Verfügbar unter: www.dgnb.de/de/zertifizierung/gebaeude/neubau/version-2023

12. D. Huber, „Wärmebedarf und Dämmung als Thema im Physikunterricht," Zugriff am: 17. August 2023. [Online]. Verfügbar unter: www.physikdidaktik.info/data/_uploaded/Delta_Phi_B/2018/Huber(2018)W%C3%A4rmebedarf_und_W%C3%A4rmed%C3%A4mmung_DeltaPhiB.pdf

13. A. Holm, C. Mayer und C. Sprengard, „Wirtschaftlichkeit von wärmedämmenden Maßnahmen," Zugriff am: 18. August 2023. [Online]. Verfügbar unter: www.kea-bw.de/fileadmin/user_upload/Kommunaler_Klimaschutz/Wissensportal/Bauen_und_Sanieren/FIW_GDI_wirtschaftlichkeit_daemmung_gdi_studie_2015_online.pdf

14. Bundesministerium der Justiz und Bundesamt der Justiz, *Verordnung über das Europäische Abfallverzeichnis (Abfallverzeichnis-Verordnung – AVV): AVV*, 2001. Zugriff am: 18. August 2023. [Online]. Verfügbar unter: www.gesetze-im-internet.de/avv/AVV.pdf

15. XXX. „Wärmedämmverbundsystem Verarbeitungsrichtlinie zum WDVS von XXX." www.XXX.com/de/service/downloads/download/verarbeitungsrichtlinie-wdvs/ (Zugriff am: 10. August 2023).

16. XXX. „Technisches Datenblatt XXX" https://www.XXX.com/de/service/downloads/download/technisches-datenblatt-XXX/ (Zugriff am: 3. August 2023).

17. DIBt – Deutsche Institut für Bautechnik, „Allgemeine Bauartgenehmigung Z-XXX Wärmedämmverbundsystem," Zugriff am: 3. August 2023. [Online]. Verfügbar unter: https://www.XXX.com/de/service/downloads/download/allgemeine-bauartgenehmigung-wdvs-fur-mineralische-untergruende/

18. XXX. „WDVS Putzsysteme." www.XXX.com/de/service/downloads/download/zulassung-wdvs-putzsysteme-uebersicht-der-zugelassenen-putzhersteller/ (Zugriff am: 10. August 2023).

19. OiB Österreichisches Institut für Bautechnik, „Europäische Technische Bewertung ETA-XXX," Zugriff am: 9. August 2023. [Online]. Verfügbar unter: www.dibt.de/pdf_storage/2018/ETA-XXX.pdf

20. Bundesministerium der Justiz und Bundesamt für Justiz, *Verordnung über Anforderungen an die Verwertung und Beseitigung von Altholz: AltholzV.* Zugriff am: 28. August 2023. [Online]. Verfügbar unter: www.gesetze-im-internet.de/altholzv/AltholzV.pdf

21. XXX. „Technisches Datenblatt XXX Klebe- und Armierungsmörtel (UP)." www.XXX.com/de/service/downloads/download/technisches-datenblatt-klebe-armierungsmoertel-up/ (Zugriff am: 11. August 2023).

22. XXX „Technisches Datenblatt XXX Mineralischer Oberputz (MOP)." www.XXX.com/de/service/downloads/download/technisches-datenblatt-mineralischer-oberputz-mop/ (Zugriff am: 11. September 2023).

Nutzwertanalyse 6

6.1 Technische und wirtschaftliche Bewertung

Die Ergebnisse der technischen und wirtschaftlichen Analysen aus den Abschn. 5.1 und 5.2 werden nachfolgend miteinander verglichen. Die Grob- und Feingewichtungen der Parameter der Nutzwertanalyse sind in der Tab. 3.1 erläutert. Es erfolgt eine Bewertung der Analysekriterien auf der Skala von 1 „sehr schlecht" bis 7 „sehr gut", wie es im Abschn. 3.3 beschrieben ist.

6.1.1 Verarbeitung

Die beiden Dämmplatten weisen im Bereich der Handlichkeit und Verarbeitung teilweise große Unterschiede auf. Die Handlichkeit ist bei den EPS-Dämmplatten vorteilhafter zu bewerten als bei den Holzfaserdämmplatten. Die EPS-Dämmung zeigt mit einer Abmessung von 100×50 cm ein Gewicht von etwa 1,3 kg auf. Durch das leichte Gewicht kommt es zu einer einfachen Handhabung der Dämmplatten, was mit sehr gut (7) bewertet wird. Die Holzfaserdämmung erreicht mit 18,9 kg pro Dämmplatte das 14-Fache an Gewicht. Die Abmessungen der Holzfaserdämmplatte sind mit 125×60 cm etwas größer. Nach Aussage des Herstellers der Holzfaserdämmstoffplatte ist kein Problem im Handling der Holzfaserplatten bekannt (Anhang 0.26). Das Gewicht sowie die Abmessungen der Platte beeinträchtigen die Arbeitenden nicht (Anhang 0.26). Dadurch wird die Handhabung der Holzfaserdämmplatte als neutral (4) bewertet. Das Gewicht fließt zu 2 % in die Nutzwertanalyse ein.

Die Verarbeitung wird mit 3 % gewichtet. Verarbeitet werden die Platten auf unterschiedliche Weise, was dem jeweilig geforderten Schichtaufbau geschuldet ist. Beide

T. Bäuerlein, *Natürliche Dämmstoffe als Nachhaltigkeitsfaktor*, Entwicklung neuer Ansätze zum nachhaltigen Planen und Bauen,
https://doi.org/10.1007/978-3-658-44888-2_6

Dämmplatten werden auf Mauerwerk oder Beton geklebt. Die EPS-Dämmplatten müssen aufgrund ihres geringen Gewichts nicht zusätzlich verdübelt werden, wohingegen die Holzfaser-Dämmplatten eine Verdübelung im mineralischen Untergrund benötigen. Zudem ist der Unterputzauftrag in den Systemen unterschiedlich. Beim WDVS StoTherm Vario wird der Unterputz in einem Arbeitsgang aufgebracht, wohingegen das Holzfaser-WDVS fordert, dass der Unterputz in zwei Arbeitsgängen aufgetragen wird. Dabei muss die erste Putzschicht vollständig abtrocknen, bis die zweite Schicht aufgetragen werden kann. Zuletzt ist im StoTherm Vario WDVS eine Zwischenbeschichtung gefordert. Diese wird im Falle des Holzfaser-WDVS nicht benötigt. Im Gesamtaufwand ist das Holzfaser-WDVS durch die zusätzliche Verdübelung sowie dem Unterputzauftrag in zwei Arbeitsschritten aufwendiger zu bewerten. Deshalb wird die Verarbeitung des StoTherm Vario-WDVS mit „gut" (6) und die Verarbeitung des Holzfaser-WDVS mit „neutral" (4) bewertet.

6.1.2   Dämmwerte

Die Wärmeleitfähigkeit und U-Werte bedingen sich gegenseitig. Da der U-Wert des Wandaufbaus für die Betriebskosten verantwortlich ist, erhält er mit 10 % eine höhere Gewichtung als die Wärmeleitfähigkeit mit 5 %.

Die EPS-Dämmung zeigt einen sehr guten Bemessungswert der Wärmeleitfähigkeit von 0,034 W/mK (Bewertung mit 7). Die Wärmeleitfähigkeit der Holzfaserdämmplatte liegt mit 0,042 W/mK auch – vor allem für nawaRo-Dämmstoffe – in einem guten Bereich. Die Differenz ist im Vergleich dennoch recht groß, weshalb sie mit „eher gut" (5) bewertet wird.

Bei dem Einsatz der EPS-Dämmung mit 14 cm im Wandaufbau, der zur Berechnung herangezogen wurde, wird ein U-Wert von 0,221 W/m^{2}K erreicht. Im identischen Wandaufbau erzeugt die Holzfaserdämmplatte mit der Dämmstoffdicke von 18 cm einen U-Wert von 0,213 W/m2K. Daher wird dieser U-Wert mit „gut" (6) bewertet. Der U-Wert des EPS-WDVS liegt geringfügig höher, weshalb er mit „eher gut" 5 bewertet wird.

6.1.3   Brandschutz

Die Brandeigenschaften eines Dämmstoffs sind maßgebend für dessen Einsatzfähigkeit in den Gebäudeklassen verantwortlich. Die Euroklasse der Dämmplatte und die Euroklasse des WDVS gehen zu gleichen Gewichtungsanteilen (je 7,5 %) in die Bewertung ein. Das Brandverhalten der Dämmstoffplatten allein betrachtet ist bspw. bei der Anforderung der Verwendung von nichtbrennbaren Dämmstoffen von Bedeutung. Das Brandverhalten des Systems beeinflusst die Anwendbarkeit der Dämmstoffe in den Gebäudeklassen 4 und 5. Da beide Dämmstoffe der Euroklasse E zugeordnet werden, wird dies mit „eher schlecht" (3) bewertet. Ihnen bleibt die Anwendbarkeit in den höheren Gebäudeklassen durch ihre Brennbarkeit zunächst verwehrt. Ebenso können sie nicht in Bereichen eingesetzt werden, die nichtentflammbare Baustoffe fordern, wie die Treppenräume des Projekts „Seniorenwohnen Veitshöchheim".

Das Holzfaser-WDVS weist im Gesamtsystem eine Brennbarkeit von B-s1, d0 auf. Das StoTherm Vario WDVS hat die Euroklasse C-s2, d0. Somit ist das Holzfaser-WDVS einer höheren europäischen Klasse zugeordnet. Im Brandfall entwickelt dieses Wärmedämmverbundsystem zudem auch eine geringere Rauchentwicklung, weshalb das WDVS eine bessere Bewertung (5 zu 4) erhält. Beide Wärmedämm-Verbundsysteme werden europäisch somit der Klassifizierung „schwerentflammbar" zugeordnet. Sie erhalten aber ohne weitere konstruktive Maßnahmen noch keine Zuordnung zur nationalen Schwerentflammbarkeit B1, weshalb sie nicht als gut bewertet werden können.

Im Falle des StoTherm Vario Systems kann diese Zuordnung jedoch erhalten werden, wenn Brandriegel als konstruktive Brandschutzmaßnahme verbaut werden. Dies ist bei dem Holzfaser-WDVS nicht zugelassen oder normativ geregelt, weshalb es in diesem Kriterium deutlich schlechter abschneidet (2 zu 6). Das Holzfaser-WDVS kann nur in normalentflammbaren Bereichen, also bis Gebäudeklasse 3, angewendet werden. Das StoTherm Vario WDVS kann teilweise, durch die Möglichkeit das WDVS schwerentflammbar auszuführen, auch in der Gebäudeklasse 5 verbaut werden. Die Möglichkeit der schwerentflammbaren Anwendung wird mit 10 % gewichtet.

6.1.4 Rückbau- und Recyclingfähigkeit

Beide Wärmedämm-Verbundsysteme der jeweiligen Hersteller weisen aktuell keine Recyclingverfahren für verbaute Wärmedämmplatten vor, weshalb sie gleichermaßen mit „sehr schlecht" bewertet werden. Die zwei verglichenen EPS- und Holzfaserdämmplatten-Hersteller nehmen beide Verschnittreste, die beim Verbau des WDVS anfallen, zurück und führen sie erneut der Produktion zu. Eine Möglichkeit der stofflichen Verwertung von verbauten Dämmplatten bieten die Hersteller nicht an. Das Recycling beläuft sich in beiden Fällen optimalerweise darauf, dass die Putzschicht von den Dämmplatten abgezogen und separat als Bauschutt entsorgt wird. Die Dämmplatten werden anschließend thermisch verwertet. Das Problem der stofflichen Verwertung liegt in der Verunreinigung der Dämmstoffplatten. Durch den anhaftenden Klebe- und Armierungsmörtel kann keine einfache Rückführung in den Produktionskreislauf wie bei den Verschnittresten stattfinden.

Das Holzfaser-WDVS ist jedoch noch nicht direkt vor dem Recyclingproblem betroffen, da aktuell die Wärmedämm-Verbundsysteme ihre Lebenszyklen noch nicht durchlaufen haben. Es kann lediglich vereinzelt zum frühzeitigen Rückbau kommen.

6.1.5   Wirtschaftlichkeitsvergleich über den Lebenszyklus

Im Wirtschaftlichkeitsvergleich werden für die Phasen der Errichtung, des Betriebs, der Instandhaltung und des Rückbaus bzw. der Entsorgung die Kosten nochmals einzeln aufgeführt. Die Kosten der beiden Systeme werden gegenübergestellt und die Differenzen kurz begründet. Die genannten Kosten beziehen sich auf die Berechnungen aus den Abschn. 5.1.5 und 5.2.5.

Herstellkosten als Einzelkosten der Teilleistungen:
Das Holzfaser-Wärmedämm-Verbundsystem weist um 11.000 € höhere Materialkosten als das StoTherm Vario-WDVS auf. Die Unterschiede in den Materialkosten sind in der Tab. 6.1 dargestellt. Die Sto-Polystyrol-Hartschaumplatte mit 14 cm Dämmstärke beziffert einen Listenpreis von 23,80 €/m². Im Vergleich dazu liegt die Holzfaserdämmplatte mit 18 cm bei einem Listenpreis von 37,00 €/m². Dadurch kommt es im Bereich der Materialkosten zu einer Differenz von 26.000 €. Die weiteren Kostendifferenzen ergeben sich aus Materialien, die entweder im jeweiligen System nicht vorkommen, wie die Dämmstoffdübel oder die Zwischenbeschichtung. Zudem kommen weitere Unterschiede durch die Listenpreise sowie Verbrauchsmengen der Putz- und Mörtelkomponenten zustande.

Die Lohnkosten der beiden Systeme sind in der Tab. 6.2 dargestellt. Die Unterschiede ergeben sich durch die unterschiedlichen Schichtaufbauten und daraus folgend den verschiedenen Aufwandswerte, wie es in den Abschn. 5.1.5 und 5.2.5 erörtert wurde. Die Lohnkosten aus dem Verbau des Holzfaser-WDVS liegen um 26.300 € höher als die durch das StoTherm Vario WDVS verursachten Lohnkosten.

Tab. 6.1 Materialkosten im Vergleich

Bezeichnung	StoTherm Vario	Holzfaser-WDVS	Differenz
Kleber	15.405,00 €	6.097,81 €	9.307,19 €
Dämmplatte	47.005,00 €	73.075,00 €	−26.070,00 €
Dübel	–	21.503,80 €	−21.503,80 €
Armierung (Unterputz)	18.268,75 €	11.257,50 €	7.011,25 €
Armierungsgewebe	4.661,00 €	2.567,50 €	2.093,50 €
Zwischenbeschichtung	8.887,50 €	0,00 €	8.167,50 €
Oberputz	9.971,78 €	5.184,38 €	4.787,40 €
Farbanstrich 2x	11.239,73 €	6.754,50 €	4.485,23 €
	115.438,75 €	**126.440,49 €**	**−11.001,74 €**

Tab. 6.2 Lohnkosten im Vergleich

Bezeichnung	StoTherm Vario	Holzfaser-WDVS	Differenz
Kleben	45.030,00 €	45.030,00 €	0,00 €
Dübeln	–	18.762,50 €	–18.762,50 €
Unterputz	22.515,00 €	37.525,00 €	–15.010,00 €
Zwischenbeschichtung	7.505,00 €	–	7.505,00 €
Unterputz	37.525,00 €	37.525,00 €	0,00 €
Nebenleistungen	7.505,00 €	7.505,00 €	0,00 €
	120.080,00 €	**146.347,50 €**	**–26.267,50 €**

Tab. 6.3 Vergleich der Herstellkosten

Bezeichnung	StoTherm Vario	Holzfaser-WDVS	Differenz
Materialkosten	115.438,75 €	126.440,49 €	–11.001,74 €
Lohnkosten	120.080,00 €	146.347,50 €	–26.267,50 €
Herstellkosten	**235.518,75 €**	**272.787,99 €**	**–37.269,24 €**

Die Herstellkosten des EPS-WDVS StoTherm Vario belaufen sich auf rund 235.500 €. Hierbei fallen über die Hälfte der Kosten in Form von Lohnkosten an. Das Holzfaser-WDVS weist mit 272.800 € eine Kostendifferenz von rund 37.300 € auf, wie die Tab. 6.3 zeigt. Das Holzfaser-WDVS weist sowohl höhere Materialkosten durch die teureren Dämmplatten und Dübel als auch durch den größeren Arbeitsaufwand im Verbau Nachteile in den Lohnkosten auf. Dadurch schneidet das StoTherm Vario WDVS im Bereich der Herstellkosten besser ab als das Holzfaser-WDVS, welches rund 13,7 % teurer als das StoTherm Vario WDVS ist.

Instandhaltungskosten

Die Instandhaltungskosten der Wärmedämm-Verbundsysteme beschränken sich in beiden Fällen lediglich auf die Anstriche, die über den Lebenszyklus erneuert werden. Dabei wird ein Zyklus von 12 bis 13 Jahren angenommen, wodurch es innerhalb der 50 Jahre zu insgesamt drei neuen Anstrichen kommt. Wie in der Tab. 6.4 zu sehen ist, fallen die Instandhaltungskosten des Holzfaser-WDVS aufgrund der geringeren Materialkosten der Farbe geringer aus. Pro Anstrich werden in diesem System 1.800 € gespart. Über den gesamten Lebenszyklus mit drei Anstrichen fallen die Kosten des Holzfaser-WDVS um knapp 4.300 € geringer aus als die Kosten des StoTherm Vario WDVS. Darin sind die Diskontierung und Preissteigerung berücksichtigt.

Tab. 6.4 Vergleich der Instandhaltungskosten

Bezeichnung	StoTherm Vario	Holzfaser-WDVS	Differenz
Farbanstrich	5.780,43 €	3.940,13 €	1.840,30 €
Lohn	15.010,00 €	15.010,00 €	0,00 €
Ein Anstrich	**20.790,43 €**	**18.950,13 €**	**1.840,30 €**
Drei Anstriche	**49.134,21 €**	**44.785,00 €**	**4.349,21 €**

Tab. 6.5 Vergleich der Betriebskosten

Bezeichnung	StoTherm Vario	Holzfaser-WDVS	Differenz
Außenwandfläche	1975 m^2		
U-Wert	0,221 W/m^{2}K	0,213 W/m^{2}K	
Gradtagzahl	3288 Kd		
Heizenergie in kWh	**34.443,12 kWh**	**33.196,31 kWh**	
Heizkosten Pellets	0,2142 €/kWh		
Heizkosten im Jahr	**7.377,72 €**	**7.110,65 €**	**267,07 €**
in 50 Jahren	**625.845,99 €**	**603.190,93 €**	**22.655,06 €**

Betriebskosten

Die Kostendifferenzen der Betriebskosten aus den Transmissionswärmeverlusten sind in der Tab. 6.5 dargestellt. Es ist zu sehen, dass das StoTherm Vario WDVS aufgrund seines höheren U-Wertes jährlich 270 € mehr Heizkosten verursacht als das Holzfaser-WDVS. Über 50 Jahre betrachtet, stellt dies einen Kostenunterschied von 22.700 € dar. Dadurch ist das Holzfaser-Wärmedämm-Verbundsystem besser zu bewerten als das EPS-WDVS.

Rückbau- und Entsorgungskosten.

Die Entsorgung fällt für das Holzfaser-WDVS um 1.000 € günstiger aus als für das EPS-WDVS. Die Holzfaserdämmplatten können in der Altholzkategorie A II mit 142,80 €/to deutlich günstiger entsorgt werden als die EPS-Dämmplatten in der Abfallklasse 170604 mit 952,00 €/to. Durch die Annahme, dass 15 % des Mörtels an den Dämmplatten haften bleibt, erhöht sich das Entsorgungsgewicht der verschmutzten EPS-Dämmplatten stark. Dadurch kommen die Kostenunterschiede zustande, wie es im Abschn. 5.1.5 beschrieben ist.

Die Lohnkosten, die durch den Rückbau des Wärmedämm-Verbundsystems entstehen, fallen beim Holzfaser-WDVS um 3.800 € höher aus. Dies ergibt sich durch den höheren Zeitaufwand, der durch die Verdübelung der Holzfaserdämmplatten zustande kommt.

Die Rückbau- und Entsorgungskosten des Holzfaser-Wärmedämm-Verbundsystems sind somit um insgesamt rund 1.700 € höher als die Kosten des StoTherm Vario WDVS, wie die Tab. 6.6 zeigt.

Tab. 6.6 Vergleich der Rückbau- und Entsorgungskosten

Bezeichnung	Art	StoTherm Vario	Holzfaser-WDVS	Differenz
Dämmplatte inkl. 15 % Anhaftungen	Entsorgungskosten	8.319,89 €	7.585,04 €	734,84 €
Putz und Mörtel	Entsorgungskosten	2.486,35 €	2.211,56 €	274,80 €
Entsorgungskosten gesamt		10.806,24 €	9.796,60 €	1.009,64 €
Rückbaukosten	Lohnkosten	26.267,50 €	30.023,80 €	−3.756,30 €
Rückbau- und Entsorgungskosten zum aktuellen Zeitpunkt		**37.073,74 €**	**39.820,40 €**	**−2.746,66 €**
Rückbau- und Entsorgungskosten in 50 Jahren		**22.762,17 €**	**24.448,54 €**	**−1.686,37 €**

Tab. 6.7 Lebenszykluskosten der beiden WDVS im Vergleich

Lebenszyklusphase	StoTherm Vario	Holzfaser-WDVS	Differenz
Herstellkosten	235.518,75 €	272.787,99 €	−37.269,24 €
Instandhaltungskosten (4 Anstriche)	49.134,21 €	44.785,00 €	4.349,21 €
Betriebskosten über 50 Jahre	625.845,99 €	603.190,93 €	22.655,06 €
Rückbau- und Entsorgungskosten	22.762,17 €	24.448,54 €	−1.686,37 €
Lebenszykluskosten gesamt	**933.261,12 €**	**945.212,46 €**	**−11.951,34 €**

Lebenszykluskosten

In der Tab. 6.7 sind die Lebenszykluskosten der beiden Wärmedämm-Verbundsysteme nochmals abschließend dargestellt. Die Wirtschaftlichkeit wird in der Nutzwertanalyse nicht anhand der tatsächlichen Kosten, sondern durch die Kostendifferenzen bewertet. Deshalb erhält der geringere Kostenwert der beiden Systeme in den Kategorien jeweils die Bewertung „neutral" (4). Die höheren Kosten werden entsprechend schlechter bewertet. Dabei sollen die Bewertungen nicht aussagen, dass die jeweiligen Kosten tatsächlich „schlecht" oder zu hoch sind. Eine derartige qualitative Bewertung ist nicht möglich, da keine Referenzen vorhanden sind. Es sollen lediglich die Kostendifferenzen in der Nutzwertanalyse abgebildet werden.

Bei den Herstell- und Rückbaukosten ist das Holzfaser-WDVS mit 37.300 € deutlich teurer als das StoTherm Vario WDVS, weshalb es mit „schlecht" (2) bewertet wird. In den Instandhaltungskosten ist das StoTherm Vario System geringfügig teurer, weshalb dieses hier mit „eher schlecht" (3) bewertet wird. Die Betriebskosten weisen eine Kostendifferenz von 22.600 € auf. Im Hinblick auf die Gesamtsumme von jeweils über 600.000 € fällt dieser Unterschied jedoch nicht stark ins Gewicht. Jährlich beziffert sich der Kostenunterschied auf rund 270 €. Daher wird das StoTherm Vario WDVS mit 3 und das Holzfaser-WDVS mit 4 bewertet. Die Rückbau- und Entsorgungskosten unterscheiden sich nicht maßgebend, weshalb sie beide mit 4 bewertet werden.

Die Lebenszykluskosten des Holzfaser-WDVS fallen insgesamt um 1,3 % höher aus als die Lebenszykluskosten des StoTherm Vario WDVS.

6.2   Fazit der Analyse

Die beiden Dämmplatten wurden in den Kap. 5 und Abschn. 6.1 analysiert, verglichen und bewertet. Die Nutzwertanalyse stellt alle Eigenschaften nochmals nebeneinander, siehe Tabelle 6.8. Die Gewichtungen der Nutzwertanalyse sind im Abschn. 3.3 zu finden und wurden im vorangegangenen Abschn. 6.1 genauer erläutert.

Insgesamt ergibt sich für das StoTherm Vario WDVS mit der EPS-Dämmplatte eine Bewertung von 4,045. Das Holzfaser-WDVS schneidet mit einem Wert von 3,6 schlechter ab, wodurch die EPS-Dämmung eine bessere Performance aufweist.

Die technischen Betrachtungen sind allgemein und weniger projektspezifisch gehalten. Dies zeigt sich beispielsweise durch die recht hohe Gewichtung der Möglichkeit einer schwerentflammbaren Anwendung. Das Ergebnis der Nutzwertanalyse stellt dar, dass die generelle technische Performance des synthetischen Dämmstoffs besser als die des natürlichen Dämmstoffs bewertet werden kann. Dies ergibt sich vor allem dadurch, dass das EPS-WDVS auch in den Gebäudeklassen 4 und teilweise 5 eingesetzt werden kann. In einer ganzheitlich projektspezifischen Betrachtung würde die Gewichtung der Kriterien wahrscheinlich anders ausfallen. In den Gebäudeklassen 1 bis 3 spielt beispielsweise die Möglichkeit der schwerentflammbaren Anwendung keine Rolle, ebenso wenig wie die genaue Baustoffklasse, solange sie die normalentflammbare Anforderung erfüllt. Die technische Anwendbarkeit der beiden Dämmstoffe ist in den niedrigeren Gebäudeklassen identisch zu bewerten. Daher ist bei einer projektspezifischen technischen Betrachtung eine Verschiebung der Gewichtungen möglich, wodurch sich das Ergebnis der Nutzwertanalyse für den Holzfaserdämmstoff positiv verändern könnte.

Die Kosten sind bereits projektspezifisch ermittelt, da eine allgemeine Betrachtung in diesem Bereich nicht durchgeführt werden kann. Bei sich verändernden Projektparametern, wie die Größe der Objekte, verringern oder erhöhen sich die Kostendifferenzen. In den Gebäudeklassen 1 und 2 sind die Projekte mit einem geringeren Umfang als das analysierte Beispielprojekt anzunehmen. Durch die kleinere Fassadenfläche werden sich die Kosten, und damit auch die Kostendifferenzen, verringern. Jedoch fallen bei privaten Bauherren von kleineren Projekten selbst geringe Kostendifferenzen stärker ins Gewicht. Die Bewertung der Kosten ist daher für jedes Projekt spezifisch durchzuführen. Am qualitativen Ergebnis wird sich jedoch – bei der Verwendung derselben Produkte – auch bei einer abweichenden Projektgröße keine Veränderung ergeben. Das StoTherm Vario wird auch in niedrigeren Gebäudeklassen Kostenvorteile im Vergleich zum Holzfaser-WDVS aufweisen. Bei der Verwendung von anderen Produkten und Systemen können sich die Kostendifferenzen stark vom dargestellten Beispiel unterscheiden.

Tab. 6.8 Nutzwertanalyse der beiden Dämmstoffe

Kriterium	Gewichtung	Sto EPS-Dämmplatte			Holzfaserdämmplatte		
		Eigenschaft	Bewertung	Gewichtung	Eigenschaft	Bewertung	Gewichtung
Gewicht pro Platte	2 %	1,3 kg	7	0,14	18,9 kg	4	0,08
Verarbeitung	3 %	Dämmplatten verkleben + einmal Unterputzauftrag	6	0,18	Dämmplatten verkleben und verdübeln + zweimal Unterputzauftrag	4	0,12
Wärmeleitfähigkeit (Bemess-ungswert)	5 %	0,034 W/mK	7	0,35	0,042 W/mK	5	0,25
U-Wert im betrachteten Wandaufbau	10 %	0,221 W/m^{2}K	5	0,5	0,213 W/m^{2}K	6	0,6
Euroklasse Dämmstoff	7,5 %	E	3	0,225	E	3	0,225
Euroklasse WDVS	7,5 %	C-s2, d0	4	0,3	B-s1, d0	5	0,375
Möglichkeit der schwerentflammbaren Anwendung	10 %	Ja, mit Brandriegeln	6	0,6	Nein, nicht zugelassen	2	0,2
Recyclingfähigkeit der verbauten Dämmplatten	5 %	Vom Hersteller nicht vorhanden	1	0,05	Vom Hersteller nicht vorhanden	1	0,05
Herstellkosten	15 %	235.518,75 €	4	0,6	272.787,99 €	2	0,3
Instandhaltungskosten	5 %	49.134,21 €	3	0,15	44.785,00 €	4	0,2
Betriebskosten über 50 Jahre	25 %	625.845,99 €	3	0,75	603.190,93 €	4	1

(Fortsetzung)

Tab. 6.8 (Fortsetzung)

Kriterium	Gewichtung	Sto EPS-Dämmplatte			Holzfaserdämmplatte		
		Eigenschaft	Bewertung	Gewichtung	Eigenschaft	Bewertung	Gewichtung
Rückbau- und Entsorgungskosten	5 %	22.762,17 €	4	0,2	24.448,54	4	0,2
	100 %	**Summe:**		**4,045**	**Summe:**		**3,6**

Das Ergebnis der Nutzwertanalyse ist somit nicht als Universalergebnis für nawaRo-Dämmstoffe zu sehen, sondern muss im Hintergrund der Projekt- und Produktspezifität betrachtet werden. Generell kann durch das Ergebnis dargestellt werden, dass der EPS-Dämmstoff im technischen und wirtschaftlichen Bereich eine bessere Performance als der Holzfaserdämmstoff aufweist, was sich durch die geringe Differenz der beiden Werte (4,045 zu 3,6) zeigt.

7.1 Fazit

Anhand der gesammelten Ergebnisse, kann nun die Forschungsfrage „**Wo liegen die technischen und wirtschaftlichen Differenzen in der Anwendbarkeit natürlicher und synthetischer Dämmmaterialien bei der Außenwanddämmung von Neubauten in einer ausgewählten Gebäudeklasse?**" beantwortet werden.

Die ausgewählte Gebäudeklasse aus der Forschungsfrage bezieht sich auf die Gebäudeklasse 3, da das Beispielprojekt „Seniorenwohnen Veitshöchheim" dieser Gebäudeklasse zugeordnet ist.

Die Kostendifferenzen sind vor allem im Bereich der Betriebs- und Herstellkosten zu finden. Um einen Vorteil in den Betriebskosten zu erreichen, muss der Wandaufbau mit dem nawaRo-Dämmstoff einen höheren U-Wert als der Wandaufbau mit dem synthetischen Dämmstoff aufweisen. Die Wärmeleitfähigkeit von nawaRo-Dämmstoffen ist jedoch höher als die Wärmeleitfähigkeit von synthetischen Dämmstoffen. Der niedrigste Bemessungswert der Wärmeleitfähigkeit, der während der Recherche zu den nawaRo-Dämmstoffen aufgetreten ist, liegt bei $\lambda_B = 0{,}039$ W/mK des Produkts „STEICOprotect L dry". Die meisten Bemessungswerte bewegen sich in dem Bereich von 0,042 bis 0,045 W/mK. Die EPS-Dämmung hat einen deutlich niedrigeren Wert von 0,034 W/mK. Um einen identischen U-Wert zu erreichen, muss die Dämmstoffdicke der nawaRo-Dämmstoffe zwangsweise erhöht werden, wie die Analyse im Abschn. 5.2 zeigt.

Wenn Flexibilität bei der Dicke der Dämmschicht besteht, erreichen nawaRo-Dämmstoffe über den Lebenszyklus betrachtet eine vergleichbare wirtschaftliche Performance wie synthetische Dämmstoffe. Die Errichtungskosten fallen bei einer größeren Dämmstoffdicke zwar höher aus, sie werden jedoch durch Einsparungen in den Betriebskosten annähernd ausgeglichen. Über den Lebenszyklus fällt die Kostendifferenz der

T. Bäuerlein, *Natürliche Dämmstoffe als Nachhaltigkeitsfaktor*, Entwicklung neuer Ansätze zum nachhaltigen Planen und Bauen,
https://doi.org/10.1007/978-3-658-44888-2_7

zwei betrachteten Systeme kaum ins Gewicht. Das Holzfaser-WDVS weist lediglich um 1,3 % höhere Lebenszykluskosten auf. Wenn die Herstellkosten allein betrachtet werden, weist der Holzfaserdämmstoff eine Kostendifferenz von ca. 37.300 € auf. Damit liegen die Herstellkosten des Holzfaserdämmstoffs um knapp 14 % höher als die des EPS-Dämmstoffs.

Wenn in dem analysierten Beispiel die Dämmstoffdicke der Holzfaserdämmung identisch zur EPS-Dämmung mit 14 cm ausgeführt wird, verringert sich die Kostendifferenz der Herstellkosten zum EPS-WDVS auf rund 16.000 €. Jedoch verursacht der höhere U-Wert des Wandaufbaus mit der 14 cm starken Holzfaserdämmung um 133.000 € höhere Betriebskosten als der Wandaufbau mit EPS-Dämmung (siehe Anhang 0.23). Dadurch ist eine Wirtschaftlichkeit des nawaRo-Dämmstoffs über den Lebenszyklus im Vergleich zum EPS-Dämmstoff nicht mehr gegeben. Daher ist bei der Verwendung von nawaRo-Dämmstoffen eine höhere Dämmstoffdicke unumgänglich. Dies erfordert einen größeren Raumbedarf und höhere Herstellkosten. Wenn in der Planung die Anwendung eines nawaRo-Dämmstoffs in Betracht gezogen wird, muss für die größere Dämmstoffdicke bereits in der Baugenehmigung ein größeres Vorhaltemaß berücksichtigt werden. Die Dämmstoffdicke beeinflusst die Flächennutzung des Gebäudes. Dies kann in anderen Bauprojekten dazu führen, dass die Nutzungsflächen kleiner ausfallen müssen, wenn die Berechnungsgrenzen der gesamten Außenwandstärke überschritten werden. Dies würde aufgrund von geringerer vermietbarer oder verkaufbarer Wohnfläche wirtschaftliche Verluste verursachen, die in die Lebenszykluskostenberechnung mitaufgenommen werden müssten. Da zudem die Herstellkosten für die Wahl des Dämmstoffs innerhalb eines Projekts oftmals noch entscheidend sind, stellen diese zwei Aspekte aktuell wahrscheinlich noch die größten Hemmnisse für den Einsatz der nawaRo-Dämmstoffe dar.

Auch die technische Performance wurde im Rahmen der vorliegenden Arbeit eingehend beleuchtet.

In der Recyclingfähigkeit weisen beide Hersteller noch Defizite auf. Sie haben noch kein Recyclingverfahren der verbauten WDVS-Dämmplatten etabliert, da dieses wahrscheinlich wirtschaftlich noch nicht rentabel ist. Generell müssen sich die Dämmstoffhersteller im Sinne des Kreislaufgedankens darum bemühen, ein Recyclingsystem für verbaute Dämmstoffe einzuführen, zumal die Möglichkeiten dazu bereits erforscht sind, wie im Abschn. 2.1.4 erläutert wurde. Somit ist die Performance des nawaRo-Dämmstoffs in der Recyclingfähigkeit identisch zum synthetischen EPS-Dämmstoff zu bewerten.

Im Bereich des Brandschutzes liegen die größeren Differenzen der technischen Performance der Holzfaser- und EPS-Dämmung. Fast alle nawaRo-Dämmstoffe, die in der Recherche aufgetreten sind, zeigen ein normalbrennbares Verhalten. NawaRo-Dämmstoffe sind oftmals dann nach europäischer Norm schwerentflammbar, wenn sie beispielsweise im WDVS mit einem Putzsystem versehen werden. Die nawaRo-Dämmstoffe können jedoch nach nationaler Norm nicht als schwerentflammbar eingestuft werden, wodurch ihnen die Anwendung in den Gebäudeklassen, in denen bauaufsichtlich ein schwerentflammbarer Dämmstoff gefordert ist, verwehrt bleibt. Bei synthetischen

Dämmstoffen aus EPS besteht gemäß DIN 55699 und ihren Zulassungen die Möglichkeit ein schwerentflammbares WDVS auszuführen, indem Brandriegel als konstruktive Brandschutzmaßnahme verbaut werden. Dies ist für nawaRo-Dämmstoffe normativ nicht geregelt. Auch in den Zulassungen werden keine Möglichkeiten dafür gegeben. Ein normalentflammbares EPS-WDVS kann somit durch den Einsatz von Brandriegeln als schwerentflammbares EPS-WDVS eingestuft werden. Nun kommt die Frage auf, weshalb ein normalentflammbares Holzfaser-WDVS nicht auch in Kombination mit Brandriegeln als schwerentflammbares Holzfaser-WDVS verwendet werden kann. Falls dies umgesetzt werden könnte, wäre eine Anwendbarkeit in der Gebäudeklasse 4 und teilweise 5 möglich. Es sollten somit konstruktive Maßnahmen (wie Brandriegel) gefunden und normiert werden, die eine Verwendung in Gebäudeklassen mit höheren brandschutztechnischen Anforderungen zulässt. Zum aktuellen Zeitpunkt ist eine Anwendung der nawaRo-Dämmstoffe in den höheren Gebäudeklassen nur mit Nachweisen, Begründungen und Berufungen auf Forschungsergebnisse möglich. Eine Norm, die die Anwendbarkeit klar regelt, würde den generellen und darauffolgend standardisierten Einsatz der nawaRo-Dämmstoffe in den Gebäudeklassen 4 und teilweise 5 ermöglichen.

Bei der Recherche zur Anwendbarkeit von Dämmstoffen in den verschiedenen Gebäudeklassen ist des Weiteren festgestellt worden, dass es kein übersichtliches Dokument gibt, das die Anforderungen an das Brandverhalten der Bauteile und Baustoffe eineindeutig regelt. Es kommt zu vielfachen Verweisen zwischen einzelnen Normen, den Landesbauordnungen (oder der Musterbauordnung) und den technischen Baubestimmungen. Um die Tab. 2.5 zur Feuerwiderstandsfähigkeit zu erstellen, wurden drei Dokumente (MBO, MVV TB und DIN 4102-2) benötigt, da die Informationen nicht gesammelt zur Verfügung stehen. Des Weiteren ist in den technischen Baubestimmungen ein Überschlag zwischen den Baustoffklassen der nationalen DIN 4102-02 und der europäischen DIN EN 13501-01 vorhanden, worin übereinstimmende Bezeichnungen verwendet werden, was in der Tab. 2.3 dargestellt wurde. Dennoch ist die Vergleichbarkeit der beiden Normen nicht gegeben, was für die Anwendung der Dämmstoffe hinderlich ist. Es ist keine Stringenz in der Darstellung der Brandschutzanforderungen vorhanden, was sicherlich auch ein Hindernis für die Anwendung der nawaRo-Dämmstoffe darstellt.

Hier ist der Gesetzgeber in der Pflicht Klarheit zu schaffen oder eine Vereinfachung der Anwendung der bisher ungeregelten Dämmstoffe herbeizuführen. Im wirtschaftlichen Konkurrenzkampf können die nawaRo-Dämmstoffe bei einer Lebenszyklusbetrachtung, wie exemplarisch gezeigt wurde, mithalten. In der technischen Anwendbarkeit scheitert die Umsetzung im Moment noch durch die zu strenge, zu undurchsichtige oder nicht vorhandene Regulatorik.

7.2 Ausblick

Eine Trendentwicklung des Einsatzes von nawaRo-Dämmstoffen ist bereits zu erkennen. Im Abschn. 2.1.1 wurde die Entwicklung der nawaRo-Dämmstoffe vom Jahr 2000 bis 2021 dargestellt. In über 20 Jahren hat sich das Dämmstoffaufkommen der natürlichen Dämmstoffe fast verdreifacht. Ein weitergehender Trend weg von den synthetischen und hin zu den natürlichen Dämmstoffen ist anzunehmen. Vor allem in Hinblick auf die Klimaziele ist die Verwendung von nawaRo-Dämmstoffen notwendig.

Ökobilanz der nawaRo-Dämmstoffe

Wie die Ökobilanz des Global Warming Potenzials der Holzfaser- und EPS-Dämmplatte in der Tab. 7.2 zeigt, verursacht die Holzfaser-Dämmplatte über ihren Lebenszyklus keine CO_2-Emissionen. NawaRo-Dämmstoffe binden in ihrem Wachstum (Phase A1) Kohlenstoffdioxid, welches am Ende ihres Lebenszyklus beim Zerfall oder in der Verbrennung (Phase C3) wieder in die Atmosphäre zurückgegeben wird. [1] In der Wiederverwendungs- und Recyclingphase werden Einsparungen in Form von CO_2-Gutschriften (Phase D) bei den nawaRo-Dämmstoffen verzeichnet. Sie entstehen beispielsweise dadurch, dass durch die Verbrennung von Holz fossile Energieträger substituiert werden, wodurch diese Einsparung dem Holzfaserdämmstoff gutgeschrieben wird. Insgesamt werden bei der Verwendung einer Holzfaserdämmplatte keine zusätzlichen Treibhausgasemissionen in Form von Kohlenstoffdioxid verursacht. Es werden knapp 15 kg CO_2/m^3 eingespart.

Die EPS-Hartschaumplatte verzeichnet die größten Emissionsmengen in der Herstellung und der Abfallbehandlung, wie die Tab. 7.1 zeigt. Durch die thermische Verwertung kann ein geringer Teil der Emissionen zurückgewonnen werden. Im Durchschnitt verursacht die EPS-Hartschaumplatte jedoch 94,10 kg $CO_2/m3$.

Tab. 7.1 Global Warming Potenzial (GWP) von Holzfaser- und EPS-Dämmplatten

GWP total	A1-A3	A5	C2	C3	D	Summe an CO2-Emissionen in kg CO2-Äq. / m^3	Quelle
Holzfaserdämmstoff Trockenverfahren (Durchschnitt DE) Rohdichte 150,76 kg/m^3	−174,8	14,37	0,5978	258,4	−113,4	−14,83	[2]
Durchschnitt EPS-Hartschaumplatte mit Rohdichte 15 kg/m^3 und 20 kg/m^3	59,21	0,385	0,0529	58,8	−24,35	94,10	Mittel aus [3, 4]

Tab. 7.2 Berechnung der Klimakosten der EPS-Dämmplatte

Berechnung	
Menge	1975 m^2
Dicke	0,14 m
Dämmstoffvolumen	276,5 m^3
CO_2-Emissionen	94,10 kg CO_2/m3
CO_2-Menge	26.017,92 kg CO_2 26,018 to CO_2
Kosten	237,00 €/to CO_2
Klimakosten	**6.166,25 €**

Die EPS-Dämmplatte verursacht bei Anwendung in dem Projekt in Veitshöchheim insgesamt 26 t Kohlenstoffdioxid. Dadurch zeigt sich, dass die nawaRo-Dämmstoffe im Hinblick auf die CO_2-Bilanz klimafreundlicher sind.

Betrachtung der Umweltkosten
Dies kann auch wirtschaftliche Auswirkungen haben, wenn in Deutschland die Umweltkosten, die vom Umweltbundesamt empfohlen werden, eingeführt werden. Um die Umweltschäden, die durch Treibhausgasemissionen entstehen, abzufangen, empfiehlt das Umweltbundesamt einen Kostensatz von 237 € pro Tonne Kohlenstoffdioxid einzuführen. Dieser Kostensatz bezieht sich auf die Kaufkraft im Jahr 2022. [5]

Gemäß der Berechnung in der Tab. 7.2 würden sich bei Verwendung des EPS-Dämmstoffs im Bauprojekt in Veitshöchheim Klimakosten von knapp 6.200 € ergeben.

Wenn diese Kosten in die Lebenszykluskosten mitaufgenommen werden, kann festgestellt werden, dass sich die Kostendifferenz der EPS- und Holzfaserdämmplatte von 11.951,34 €, siehe Tab. 6.7, auf 5.788,09 € verringert. Wenn die Klimakosten zum Zeitpunkt der Errichtung fällig wären, würde dies auch die Attraktivität des nawaRo-Dämmstoffs erhöhen, da sich die Kostendifferenz in den Herstellkosten verringert.

Verringerung der Herstellkosten der nawaRo-Dämmstoffe
Die Relevanz der nawaRo-Dämmstoffe wird sich somit im wirtschaftlichen Bereich steigern, wenn die CO_2-Bepreisung in dem Umfang eingeführt wird, wie das Umweltbundesamt es empfiehlt. Dadurch werden die synthetischen Dämmstoffe, die einen hohen CO_2-Ausstoß verursachen, unattraktiver. Vor allem wenn die nawaRo-Dämmstoffe eine attraktive Alternative darstellen, wird sich der Trend weiterhin in ihre Richtung entwickeln. Wirtschaftlich zeigen die nawaRo-Dämmstoffe bereits gute Möglichkeiten mit den synthetischen Konkurrenten mitzuhalten. Die Herstellkosten müssen jedoch gesenkt werden, um die Anwendung der nawaRo-Dämmstoffe auszuweiten. Bei einer steigenden Produktion und einem höheren

Absatz entstehen Skalierungseffekte, die die Herstellkosten der aktuell teureren nawaRo-Dämmstoffe senken können. Des Weiteren kann es bei höheren Produktionszahlen zu Automatisierungen in der Produktion sowie beispielsweise zu einer Anwendung in der modularen Fertigung kommen, wodurch die Montagesysteme optimiert und somit Lohnkosten gespart werden können. Dadurch können die Material- und Herstellkosten der nawaRo-Dämmstoffe nach unten angepasst werden, wodurch die Attraktivität der Produkte gesteigert werden kann.

Anwendung der nawaRo-Dämmstoffe in schwerentflammbaren Bereichen

Es sind bei den nawaRo-Dämmstoffen zudem noch technische Defizite vorhanden, die vor allem den Brandschutz betreffen. Die Anwendbarkeit der nawaRo-Dämmstoffe in den Gebäudeklassen 4 und 5 ist durch regulatorische Hürden aktuell nicht standardisiert möglich. Eine umfangreiche Überprüfung, ob ein normalentflammbares EPS-WDVS mit Brandriegeln dieselben brandschutztechnischen Eigenschaften wie ein normalentflammbares Holzfaser-WDVS mit Brandriegeln aufweist, sollte in weiterführenden Arbeiten durchgeführt werden. Dafür muss die Zulassung der EPS-Dämmstoffe mit Brandriegeln betrachtet werden und die Unterschiede zu einem Holzfaser-WDVS herausgestellt werden. In Zusammenarbeit mit einem Hersteller von Holzfaserdämmplatten könnte ein entsprechendes Versuchsmodell aufgebaut werden, das das Szenario entsprechend abbildet. Die Normenausschüsse und Gesetzgeber sind hierbei jedoch ebenfalls in der Pflicht die Einsatzmöglichkeit bei einer Gleichwertigkeit der beiden Wärmedämm-Verbundsysteme zu genehmigen, sobald diese festgestellt wurde. Erst mit den entsprechenden regulatorischen Anpassungen durch bspw. eine Ergänzung der DIN 55699 oder durch eine weitere Norm kann eine standardisierte Anwendung der nawaRo-Dämmstoffe in den Gebäudeklassen 4 und 5 stattfinden.

Umfassende Analysen der nawaRo-Dämmstoffe

Abgesehen von den Wärmedämm-Verbundsystemen weisen auch nawaRo-Dämmstoffe, die in einer hinterlüfteten Fassade verbaut werden, ein hohes Potenzial als alternative Dämmstoffe auf. Die Rückbaufähigkeit des Systems ist hier fast vollständig gegeben. Auch das Recycling lässt sich bei einer hinterlüfteten Fassade deutlich einfacher durchführen, da es zu keiner Verklebung der Schichten kommt. Dämmstoffe, wie Schafwolle, werden in der hinterlüfteten Fassade eingeklemmt oder mechanisch befestigt [6]. Dadurch sind der Rückbau und darauffolgend das Recycling der Dämmstoffe hier einfach durchzuführen. Zudem sind in dem Produkt Isolena Schafwolle keine Zusatzstoffe oder Stützfasern vorhanden, was sich besonders positiv auf das Recycling auswirkt [7]. Hinterlüftete Fassaden wurden in dieser Bachelorarbeit aufgrund der Vergleichbarkeit am Beispielprojekt nicht betrachtet. Die Bewertung der wirtschaftlichen und technischen Performance von hinterlüfteten Fassaden kann in weiteren Arbeiten abgebildet werden. Dadurch wird ein umfangreicheres Bild der Anwendungsmöglichkeiten und Vorteile sowie auch etwaige Nachteile der nawaRo-Dämmstoffe gegeben. Eine Analyse sollte die technischen und wirtschaftlichen Aspekte beinhalten. Generell sollte bei einer weiterführenden Arbeit oder Analyse die Ökobilanz der nawaRo-Produkte mitaufgenommen werden. Dies wurde zuletzt kurz angeschnitten. Eine umfangreichere Betrachtung der Ökobilanz ist von Vorteil, um die Differenzen zu den synthetischen Dämmstoffen im Bereich der Umweltwirkungen hervorzuheben. Die Verwendung von nawaRo-Dämmstoffen kann durch ihre geringeren Emissionsmengen einen Teil zum Erreichen der Klimaziele beitragen. Die Ökobilanzierung sollte dann in einer separaten Analyse durchgeführt werden und zuletzt in die Nutzwertanalyse aufgenommen werden. Bei dieser weitergehenden Ausführung kann zudem auch auf die sozialen Auswirkungen der Verwendung von nawaRo-Dämmstoffen eingegangen werden. Schafwolle sorgt beispielsweise für eine Minimierung der Innenraum-Schadstoffe [6]. Der in der Schafwolle vorhandene Eiweiß-Baustein Keratin kann Schadstoffe, wie etwa Formaldehyd, aus der Luft aufnehmen und neutralisieren [6]. Diese Fähigkeiten des nawaRo-Dämmstoffs sollten ebenfalls analysiert und anschließend in die Nutzwertanalyse mitaufgenommen werden. Auch die technischen Eigenschaften im Bereich des Schall- und Feuchteschutzes könnten darin betrachtet werden. Eine umfassende Analyse der nawaRo-Dämmstoffe könnte dann neben den zuvor analysierten technischen und wirtschaftlichen Aspekten noch die weiteren Parameter aus der Tab. 7.3 beinhalten:

Erweiterung des Anwendungsbereiches auf Sanierungen
Des Weiteren wurde hier lediglich der Neubau von Wohngebäuden analysiert. Die Einsatzmöglichkeiten von nawaRo-Dämmstoffen im Altbau zu betrachten, ist ebenfalls von hoher Bedeutung. Rund 95 % der Wohngebäude in Deutschland wurden vor 2012 errichtet, fast 85 % vor dem Jahr 2000 [8]. Dadurch ergibt sich ein entsprechend hoher Sanierungsbedarf der Wohngebäude in den kommenden Jahren. Eine Beantwortung der Fragen „Welche Unterschiede gibt es bei der Anwendbarkeit von nawaRo-Dämmstoffen bei Sanierungen? Welche Anwendungsbereiche bleiben ihnen aus welchen Gründen verwehrt und inwieweit werden

Tab. 7.3 Weitere Parameter in einer möglichen weiterführenden Analyse von nawaRo-Dämmstoffen

WDVS	Hinterlüftete Fassade
Ökologische Aspekte • Ökobilanzierung mit Input (erneuerbare / nicht erneuerbare Primärenergie) und Output (Globales Erwärmungspotential GWP, Abbaupotential der stratosphärischen Ozonschicht, Versauerungspotential, Bildungspotential für troposphärisches Ozon, etc.) • Recyclingfähigkeit der verbauten Dämmstoffe (Homogenität der Produkte)	
Soziale Aspekte • Möglichkeit der Schadstoff-Aufnahme der Dämmstoffe („Filterwirkung") • Raum- und Luftqualität / Wohnbehaglichkeit	
Technische Aspekte • Schallschutz • Feuchteschutz	

sie im Altbau bereits eingesetzt?" kann ebenfalls in weiterführenden Arbeiten erfolgen. Eine derartige Betrachtung ist aufgrund der Relevanz der Sanierungen im Gebäudesektor besonders zu empfehlen.

Die Methodik dieser Analyse würde sich dahingehend verändern, dass beispielsweise im technischen Bereich die Einsatzmöglichkeit von nawaRo-Dämmplatten als Aufdopplung auf ein vorhandenes WDVS beleuchtet oder durch den vorherigen Rückbau ein größeres Augenmerk auf Untergrundbehandlungen gelegt werden muss. Im wirtschaftlichen Bereich müssen zudem in der Instandsetzung Kosten für etwaige Reparaturen am Untergrund miteinbezogen werden. Es kann damit gerechnet werden, dass die Bestimmung der Kosten deutlich schwieriger ausfällt, da bei Sanierungen oftmals unvorhergesehenen Problematiken auftreten. Dies wirkt sich vor allem auf die wirtschaftliche Analyse aus.

Abschließend lässt sich sagen, dass die nawaRo-Dämmstoffe Vorteile in ihrer ökologischen Performance aufweisen. Die optimale Umsetzung der Möglichkeiten, beispielsweise im Bereich des Recyclings, fehlt aktuell noch an einigen Stellen. Auch für die Einsatzfähigkeit der nawaRo-Dämmstoffe sind noch einige regulatorische und etwaig technische Hürden vorhanden. Weitere Analysen der nawaRo-Dämmstoffe dienen zur Aufklärung über die Vorteile dieser Dämmstoffe und können zur Akzeptanz bei Bauherren und Nutzern beitragen. Vor allem im Bereich der Regulatorik steht der Gesetzgeber in der Pflicht tätig zu werden.

Literatur

1. H. Fehrenbach und S. Bürck, „Holz statt Kohle, Gas und Öl?: Wie gelingt die Defossilisierung des Industriesektors ohne Gefahr für Wälder und Klima?," Zugriff am: 29. August 2023. [Online]. Verfügbar unter: www.nabu.de/imperia/md/content/nabude/energie/biomasse/2211123_studie_holbiomasseindustrie_pdf.pdf
2. ÖKOBAUDAT. „Prozess-Datensatz: Holzfaserdämmstoffplatte Trockenverfahren (Durchschnitt DE)." https://oekobaudat.de/OEKOBAU.DAT/datasetdetail/process.xhtml?uuid=5488d3f3-1e39-4a71-b357-ef605b65ed9c&version=00.00.062&stock=OBD_2023_I&lang=de (Zugriff am: 22. August 2023).
3. ÖKOBAUDAT. „Prozess-Datensatz: EPS-Hartschaumplatte (grau, Rohdichte 15 kg/m3)." https://oekobaudat.de/OEKOBAU.DAT/datasetdetail/process.xhtml?uuid=bd7ae84e-54c4-4dee-bf0e-8c22cecbcf75&version=00.02.000&stock=OBD_2023_I&lang=de (Zugriff am: 22. August 2023).
4. ÖKOBAUDAT. „Prozess-Datensatz: EPS-Hartschaum (Rohdichte 20 kg/m3)." https://oekobaudat.de/OEKOBAU.DAT/datasetdetail/process.xhtml?uuid=757297f1-9325-4df4-af51-96510be76bf3&version=00.02.000&stock=OBD_2023_I&lang=de (Zugriff am: 22. August 2023).
5. Umweltbundesamt. „Gesellschaftliche Kosten von Umweltbelastungen." www.umweltbundesamt.de/daten/umwelt-wirtschaft/gesellschaftliche-kosten-von-umweltbelastungen#umweltkosten-der-strom-und-warmeerzeugung (Zugriff am: 22. August 2023).
6. Isolena Naturfaservliese GmbH. „Naturdämmstoffe Schafwolle." www.isolena.com/de/media/ISOLENA/Downloads/iw_broschure_de_2021.pdf (Zugriff am: 22. August 2023).

7. Isolena Naturfaservliese GmbH. „Produktdatenblatt Isolena Optimal." www.akustik-raumkl ima.de/media/48/59/5d/1673338237/IW%20Produktdatenblatt%20OPTIMAL.pdf (Zugriff am: 3. August 2023).

8. Statista. „Verteilung des Wohngebäudebestands in Deutschland nach Baujahr (Stand: 2021)." https://de.statista.com/statistik/daten/studie/1385022/umfrage/wohngebaeude-in-deutschland-nach-baujahr/ (Zugriff am: 22. August 2023).

Anhang

HINWEIS: Alle Dokumente des Anhangs können bei der Verfasserin angefragt werden. Sie liegen nicht der Arbeit bei.

Projektspezifische Informationen

ANHANG 0.1 BAU- UND LEISTUNGSBESCHREIBUNG

ANHANG 0.2: AUSTAUSCHBLATT ZUM BAUANTRAG MIT EINSTUFUNG DER GEBÄUDE IN IHRE GEBÄUDEKLASSE

ANHANG 0.3: LEISTUNGSVERZEICHNIS WDVS zur Angebotsaufforderung

ANHANG 0.4: Bescheinigung Brandschutz

ANHANG 0.5: ANSICHT NO, SO PLAN AR-AN-02-XX-370-d-vi

ANHANG 0.6: GRUNDRISS EG SENIORENWOHNEN VEITSHÖCHHEIM IN DER GENEHMIGUNGSPLANUNG

ANHANG 0.7: WÄRMESCHUTZGUTACHTEN NACH GEG

ANHANG 0.8: WÄRMELIEFERUNGSVERTRAG

ANHANG 0.9: HEIZLASTBERECHNUNG

Materialkosten der Bauprodukte

ANHANG 0.10: FLACHSFLOC MATERIALPREIS

ANHANG 0.11: HANFSTEIN MATERIALPREIS

ANHANG 0.12: HOLZFASER-WDVS MATERIALPREIS

ANHANG 0.13: GUTEX MULTITHERM MATERIALPREIS

ANHANG 0.14: STEICOPROTECT MATERIALPREIS

ANHANG 0.15: ISOLENA OPTIMAL Materialpreis

ANHANG 0.16: HISSREET PLATTE MATERIALPREIS

ANHANG 0.17: Sto WDVS SYSTEM MATERIALPREISE ANHAND DES LVs

Berechnungen

ANHANG 0.18: BERECHNUNG GRADTAGZAHL IN VEITSHÖCHHEIM
ANHANG 0.19: AUFWANDSWERTE
ANHANG 0.20: BERECHNUNGEN ZUM STOTHERM VARIO WDVS
ANHANG 0.21: BERECHNUNGEN ZUM HOLZFASER-WDVS
ANHANG 0.22: VERGLEICH DER DÄMMSTOFFE
ANHANG 0.23: BERECHNUNGEN ZUM HOLZFASER-WDVS MIT 14 CM

Technische Informationsdokumentation

ANHANG 0.24: TELEFONNOTIZ VOM 09.08.2023 MIT STO
ANHANG 0.25: TELEFONNOTIZ VOM 09.08.2023 MIT DEM HOLZFASER-DÄMMSTOFFPLATTEN-HERSTELLER
ANHANG 0.26: TELEFONNOTIZ VOM 14.08.2023 MIT DEM HOLZFASER-DÄMMSTOFFPLATTEN-HERSTELLER
ANHANG 0.27: TELEFONNOTIZ VOM 17.08.2023 MIT STO
ANHANG 0.28: TELEFONNOTIZ VOM 18.08.2023 MIT DEM ENTSORGUNGSUNTERNEHMEN